乡村振兴·高素质农民培育系列丛书

中药材标准化栽培与加工技术

冯小慧　田维军　李顺华　主编

内蒙古科学技术出版社

图书在版编目（CIP）数据

中药材标准化栽培与加工技术 / 冯小慧，田维军，李顺华主编 . -- 赤峰 : 内蒙古科学技术出版社 , 2024. 7. --（乡村振兴 · 高素质农民培育系列丛书）.

ISBN 978-7-5380-3732-6

Ⅰ. S567; R282.4

中国国家版本馆 CIP 数据核字第 2024DC6111 号

中药材标准化栽培与加工技术

主　　编：冯小慧　田维军　李顺华
责任编辑：孙晓琦
封面设计：光　旭
出版发行：内蒙古科学技术出版社
地　　址：赤峰市红山区哈达街南一段4号
邮购电话：0476-5888970
印　　刷：涿州汇美亿浓印刷有限公司
字　　数：160千
开　　本：710mm×1000mm　1/16
印　　张：8
版　　次：2024年7月第1版
印　　次：2024年7月第1次印刷
书　　号：ISBN 978-7-5380-3732-6
定　　价：32.80元

如有印装质量问题，请与我社联系。电话：0476-5888926　5888917

《中药材标准化栽培与加工技术》

编 委 会

主　编　冯小慧　田维军　李顺华

副主编　李敏艳　王正启　高秀华　李　倩　邵凤成

刘晓娟　刘远振　由海霞　安旭峰　程海芝

张　丁　李淑娟　张艺纯　刘　波　张绍娟

彭晓丽　郭春生　刘彦利　魏善锋

编　委　白应慧　李东翰　王东霞

发展中药材产业
拓宽乡村致富路
『码上』学习
种植课堂
系统学习中药材栽培知识
市场动向
发现中医药种植产业发展机会
因地制宜
了解我国中药材主要区划
口袋电子书
快速查询各类药材栽培特点

前　言

PREFACE

在乡村振兴战略的背景下，中药材种植成了许多农村地区产业升级、农民增收的新亮点。然而，如何在保障中药材道地性与品质的同时，提升产量、降低成本，是我们共同面临的课题。本书正是基于这样的时代需求，系统梳理了中药材标准化栽培与加工的各个环节，旨在将科学理论与实践经验相结合，为您的药材种植之路铺就坚实的基石。

全书共分为七章，第一章中药栽培与加工概述，为您介绍了中药材种类，中药材栽培市场现状以及药材流通渠道和市场信息等内容。第二章至第六章，分别聚焦于根及根茎类、种子及果实类、全草类、花类、菌类以及皮类中药材的栽培技术。这些章节详细介绍了各类中药材的生长特性、最佳种植环境、适宜季节、田间管理要点以及采收技巧，讲解了中药材的干燥、分级、包装、储藏等后期处理技术，确保药材品质得以保持，以及市场价值的最大化。

我们深知，每一位药材种植者都是大自然的守护者，也是健康事业的贡献者。因此，《中药材标准化栽培与加工技术》力求语言通俗易懂，内容贴近实际，希望它能成为您种植路上的良师益友，助您在药材种植的广阔天地里，播撒希望，收获未来。让我们携手前行，在传承与创新中，共同促进中药材产业的蓬勃发展，为弘扬中华医药文化，保障人民健康作出新的贡献！

由于时间仓促，加之编者水平和能力有限，书中难免存在纰漏，诚望广大读者批评指正。

编　者

2024 年 2 月

目 录

CONTENTS

第四章　全草类中药材栽培

第五章　花类中药材栽培

第六章　菌类中药材栽培

第七章　皮类中药材栽培

第一章

中药栽培与加工概述

因地制宜
种植课堂
市场动向
电子书籍

跟"码上"查看

中药材种类

一 中药材总体数量

我国中药材的总体数量庞大，传统使用的中药材种类有 1 000~1 200 种。这些药材广泛来源于自然界的植物、动物和矿物，其中大部分是植物药。此外，根据更广泛的药用植物资源统计，中国大约有 12 000 种药用植物，这一数字涵盖了所有可能具有药用价值的植物种类，但并非所有药用植物都常出现在临床或药材市场上。

二 中药材分类

我国中药材种类繁多，是中医药学的重要组成部分。根据不同的分类方式，中药材大致可以分为以下几类：

1.按来源分类

植物药：这是中药材中最庞大的群体，包含了根、茎、叶、花、果实、种子等植物的不同部位。例如，人参、黄芪、甘草、当归、枸杞等。

动物药：利用动物的全体或身体的某个部位，如鹿茸、牛黄、蝉蜕、全蝎等。

矿物药：包括天然矿物或经过简单加工的矿物，如朱砂、雄黄、磁石等。

2.按归经分类

根据中药对人体经络和脏腑的影响，可分为归心经、肺经、肝经、脾经等不同类别。例如，丹参归心经，用于活血化瘀；麻黄归肺经，用于发汗解表。

3.按功能分类

清热解毒药：用于清除体内热毒，如金银花、连翘、板蓝根。

活血化瘀药：用于促进血液循环，消除血瘀，如川芎、丹参、桃仁。

健脾消食药：用于增强脾胃功能，帮助消化，如山楂、陈皮、麦芽。

补益药：用于滋补强身，如人参、黄精、阿胶，分别具有补气、养阴、补血等功效。

解表药：用于治疗外感疾病，促使发汗，如桂枝、荆芥。

泻下药：用于通便或清热泻火，如大黄、芒硝。

4.其他特殊分类

还包括平肝熄风药、安神药、化痰止咳药、利水渗湿药等，每一种类别都包含多种具体药材，针对不同的病证和治疗目的。

中药材栽培市场现状

一 中药材栽培的现状

1.种植规模扩大，种类增多

随着市场需求的增长，中药材的种植面积不断扩大，种植种类也日益增多。目前，我国引种栽培的中药材已有上千种，其中较为常用的栽培药材有200~300种。这表明中药材种植已经从传统的小规模、零散种植转向了更大规模、更多样化的栽培模式。

2.技术进步与挑战

虽然种植技术有所进步，比如人参、北五味子、天麻等药材的栽培技术取得了显著成效，但整体来看，中药材种植技术仍然较为落后。很多药农使用传统种植方式，缺乏科学指导，导致药材品质不稳定。同时，中药材的种植技术、种子种苗管理、病虫害防治、施肥用药等方面还存在不少问题，需要进一步的技术革新和标准化提升。

3.标准化与质量问题

中药材种植缺乏统一的标准和规范，导致药材质量参差不齐，影响了中医药产业的整体发展和国际竞争力。尽管已经开展了一些中药材的规范化生产工作（如GAP认证），但种子种苗管理混乱、栽培技术不规范、产品内在质量不稳定等问题依然普遍存在。

4.生态环境压力

中药材的过度开发在某些地区对生态环境造成了负面影响，如生态破坏、生物多样性减少等，这不仅损害了药材的自然生长环境，也威胁到了药材的品质和可持续供应。

5.市场需求与产业化发展

随着国内外对天然药物和保健品需求的增加，中药材市场持续增长，这促进了中药材种植的产业化发展。然而，市场竞争力不足，尤其是在国际市场上，凸显了提升种植效率、品质控制和品牌建设的紧迫性。

6.科技创新与政策支持

为了应对上述挑战，国家和地方政府正在加大对中药材种植的支持力度，包括提供政策扶持、资金投入、技术研发和推广标准化种植技术。同时，生态种植、林下经济等新型种植模式的探索，旨在实现中药材种植与环境保护的和谐共生。

综上所述，中药材栽培正处于一个快速发展但又充满挑战的时期，既需要解决技术、质量和环境等根本问题，也需要抓住市场机遇，推动产业向现代化、标准化、可持续发展方向转型。

二 中药材生长特点

中药材作为中医治疗的核心资源，其种植市场日益繁荣，相较于传统大田作物，中草药往往能带来更高的经济价值。然而，中药材的栽培远比普通农作物复杂，涉及多样的种植技术和特定的生长要求。以下为中药材种植的几个关键特征：

1.种类繁多与学科交叉

中国已知的中草药品种超过 10 000 种，栽培种类超过 1 000 种，常用药材有 200~300 种。这些药材的生长规律、收获部位各异，需要特定的栽培技术。其种植知识覆盖广泛，与粮油、蔬菜、果树、花卉、林木等多个学科领域相关联，同时不乏特例，如真菌与寄生植物的特殊栽培需求。

2.野生特性显著

许多中药材仍保留较强的野生特性，表现为种子休眠、发芽不齐、生长缓慢和变异大等特点，增加了引种和驯化的难度。因此，从整地到加工的每个环节都需要特别注意，与一般作物相比，管理更为复杂。

3.生产和研究水平的提升空间

虽然我国药用植物的栽培历史十分悠久，但大多数药材的生产与研究水平滞后于主粮作物。近几十年来，通过科学研究与技术创新，如人参等药材的单产大幅提高，但仍有许多品种的栽培技术待优化，尤其是那些具有特殊生物学特性的药材。

4.严格的质量标准

中药材的品质直接关系到药效，因此对其质量要求极高，不仅外观要好，更重要的是确保有效成分含量达标。有效成分如生物碱、皂苷等含量微少，对栽培方法、采收时机和加工工艺都有严格要求。

5.道地性特征

部分药材的道地性（即特定地理区域生长的最佳品质）极为显著，受地理位置、气候、土壤等因素影响。虽然道地性限制了某些药材的异地种植，但通过科学引种和环境条件的匹配，部分药材仍可在非原产地成功栽培。

综上，中药材的种植是一个融合了传统经验与现代科技的复杂过程，要求种植者具备丰富的专业知识和实践经验。随着研究的深入和技术的进步，越来越多的中药材栽培技术被解锁，为中药材产业的可持续发展奠定了坚实的基础。

药材流通渠道和市场信息

一　药材流通特点和国家政策

作为中药材生产经营者，需要了解国家和有关部门及地方政府的相关法规与政策，这些法规与政策产生的基础，在于中药材生产经营及需求本身的特点。2017 年 7 月 1 日起施行的《中华人民共和国中医药法》，明确鼓励发展中药材规范化种植养殖和扶持道地中药材生产基地建设。国务院还先后出台了《中药材保护和发展规划（2015—2020 年）》《中医药健康服务发展规划（2015—2020 年）》《中医药发展战略规划纲要（2016—2030 年）》等中医药发展领域的专项规划，均明确提出大力推进中药材绿色生态种植。上述法律和规划将从政策层面促进中药材产业快速健康发展。农业农村部会同国家药品监督管理局、国家中医药管理局编制的《全国道地药材生产基地建设规划（2018—2025 年）》，致力于引导建设一批设施标准、管理规范、特色鲜明的道地药材生产基地，以推进中药产业发展，提升中药材质量效益和产业竞争力。

二　中药材专业市场

近年来网络直播与电商交易流行，但中药材市场仍占据主要交易份额，目前国内的中药材流通市场主要有以下几个。

1.大型产区市场

主要有河北安国和安徽亳州两大中药材市场。它们地处药材产区，依托着所在地区近 30 万亩药材种植基地，两地都有 1/3 的人员在从事药材的生产、加工、贩运与销售工作，广大药农依靠药材的生产和流通致富。这两个市场都有 2 000~3 000 个摊位的交易大厅，其中安国有东方数字交易中心，亳州则有数百个固定门店组成的交易市场，分别被誉为“东方药城”和“中华药都”。

2.中型产区市场

广西玉林、河南禹州、湖南廉桥和江西樟树中药材市场，都有着悠久的历史，但市场规模相对安国、亳州的要小，一般商户在200~600户，市场都由固定门店组成，经营品种以本省及药材经济区域内的主产品为主。

3.销区市场

广东普宁和广州清平中药材市场，是在城市农贸市场基础上逐渐演化而来的药材市场，这两个市场都以人参、西洋参等贵重药材和南方药材为主，面向港澳台地区，有较大的交易量。

4.带有集散性质的市场

比如成都荷花池、西安万寿路、兰州黄河中药材市场。四川是中国的药材主产区，成都荷花池中药材专业市场是西南地区的药材汇集地，从这里流向全国；西安万寿路中药材市场，其销售辐射新疆、甘肃、青海、宁夏及周围市县，是西北地区药材流向全国的主要集散地；兰州黄河中药材专业市场以经营甘肃等地药材为主，同时经营近800种全国其他地区生产的中药材和中药饮片。

5.其他市场

重庆解放路、哈尔滨三棵树、山东舜王城、湖北蕲春、岳阳花板桥、昆明菊花园中药材市场，这些市场规模均在200户左右，以本省药材为主，均在20世纪90年代发展起来，兼有产地与销地市场特点。

除了上述国家认可的中药材专业市场以外，甘肃陇西首阳镇的文峰中药材专业市场、吉林抚松万良长白山人参市场、河南辉县百泉药材市场以及安徽铜陵、陕西韩城、赤峰牛营子、海南万宁、福建拓荣、甘肃酒泉等季节性道地药材市场，在当地都具有很大的影响力，是道地药材的集散地。

第二章

根及根茎类中药材栽培

因地制宜
种植课堂
市场动向
电子书籍

跟"码上"查看

白芷

白芷为伞形科植物白芷的干燥根，又名香白芷，具有祛风散湿、消肿、排脓、止痛之功效，全国大部分地区均有栽培。

一 形态特征

根部：主根粗大，呈圆锥形或圆柱形，内部中空，有时带有紫色，深达土层。

茎部：茎粗大直立，表面有纵沟纹，中空，尤其是上部接近花序处可能密生柔毛。

叶片：叶互生，下部叶通常羽状分裂，具有长柄；中部叶2~3回羽状分裂，叶柄下部常形成囊状膜质鞘，末回裂片较长。

花序：未具体提及，但伞形科植物一般具有复伞形花序，小花白色或淡黄色。

二 生长习性

气候：偏好温和湿润的气候条件，需要充足的阳光照射。具有较强的耐寒能力，能够适应冬季低温。

土壤：适合土层深厚、疏松、肥沃、排水良好的砂质壤土。

三 栽培技术

1.选地与整地

土壤选择：白芷为深根性植物，适宜土层深厚、肥力中等、排水良好的砂质壤土。

施肥与深耕：每亩施2 000~3 000kg农家肥，配施50kg过磷酸钙。深翻土地约30cm，耙细后整平，做成1.5m宽的平畦。

2.繁殖方法

播种：最佳播种时间为9—10月。条播行距35cm，开浅沟播种。穴播穴距(15~20)cm×30cm，开穴播种。播种后覆盖薄土并压实。条播用种量约1.5kg/亩，穴播用种量约1kg/亩。

种子处理：用2%磷酸二氢钾水溶液喷洒种子，闷润8小时后再播种，可提早出苗并提高出苗率。

3.田间管理

间苗与定苗：翌春苗高5cm时开始间苗，共2次。苗高15cm时定苗，条播株距12~15cm，穴播每穴留1~3株壮苗。除去特大苗，防止早抽薹。

中耕除草：结合间苗进行，首次浅松表土，逐渐加深，植株封行后停止。

追肥：共3~4次，主要在间苗、定苗后和封行前，使用腐熟人粪尿、饼肥等，先淡后浓，最后一次追肥后培土。

排灌：播种后土壤干燥时浇水，保持畦面湿润以利出苗。定苗后少浇水多中耕，促使根系深入土壤。雨季应注意及时排水，避免积水导致根部病害。

4.病虫害防治

斑枯病：危害叶片。防治：清除病残组织并烧毁，发病初期用波尔多液喷雾。

根结线虫病：感染根部，形成根结。防治：轮作，使用1.8%阿维菌素3 000倍液灌根，7天一次，连续两次。

黄凤蝶：幼虫危害叶片。防治：使用BT喷雾。

四 采收加工

采收时间：在种植后的第二年秋季，当植株生长至成熟，地上部分枯萎时进行。

加工方法：将挖掘出的根部洗净，去除泥土和须根，可进行切片、晒干或烘干处理，干燥过程中注意翻动，以防霉变，直至完全干燥成为药材。

黄芪

黄芪是一种多年生草本植物，属于豆科黄芪属。其在中医中被广泛应用，被誉为“补气之圣药”，具有重要的药用价值。

一 形态特征

根部：黄芪最显著的特征是其肥大且长的主根，呈圆柱形，表面为淡黄色或黄棕色，质地坚实，有明显的纵皱纹和横向皮孔，俗称“金井玉栏”。根部富含黄酮类、多糖等多种活性成分，是药用的主要部位。

茎叶：茎直立，高度可达60~100cm，有分枝，表面具细毛。叶片为奇数羽状复叶，小叶7~13片，椭圆形或卵状披针形，边缘有锯齿，两面均被短柔毛。

花果：黄芪为总状花序腋生，花冠蝶形，紫色或淡黄色，花期一般在春末夏初。荚果线状长圆形，稍扁，成熟时开裂，内含数粒肾形或近圆形的种子。

二 生长习性

气候条件：黄芪喜凉爽、干燥气候，耐寒、耐旱，对土壤要求不严，但以排水良好、富含有机质的砂质壤土或黏质壤土为佳。不耐高温高湿，夏季高温时生长受抑制。

光照需求：黄芪为阳性植物，需要充足的阳光照射，光照不足会影响其生长发育及有效成分的积累。

生育周期：黄芪为多年生草本，通常播种后第二年或第三年才开始采挖根部入药。生长周期较长，一般为 3~4 年。

三 栽培技术

1.选地与整地

选地：选择土层深厚疏松、排水良好的砂质壤土，避免黏土、涝洼地和盐碱地。

整地：秋收后，深翻 25~30cm，施入农家肥 3 000~4 000kg/亩，过磷酸钙 30~40kg/亩作基肥。耕翻后耙细整平，可做成 40~45cm 行距的小高垄或 1.2~1.5m 宽的宽畦。

2. 繁殖方法

种子处理：因种子表皮坚硬，可擦破种皮或用 50℃温水浸种 6~12 小时以提高发芽率。

播种：冬播在 11 月封冻前，春播在 3 月至 4 月初。在垄上开 3~4cm 深的沟，或在畦上按 30~40cm 的行距开沟。播后覆土 2.0~2.5cm，稍加镇压。干旱时需浇水，保持土壤湿润。用种量约 3kg/亩。

2.田间管理

间苗与定苗：在苗高 4~5cm 时间苗或补苗，在苗高 10cm 时按 10~15cm 株距定苗，结合中耕除草。

排灌：出苗前后干旱时适当浇水，定苗后少浇水，雨季及时排水。

打顶摘蕾：除留种田外，现蕾初期摘除花蕾，摘去将成为花序的顶心。

追肥：2~3 年后采收的黄芪，从第 2 年起每年早春施追肥，每亩 1 000kg 厩肥配 20kg 过磷酸钙，施后覆土浇水。

3.病虫害防治

黄芪主要病害有白粉病、锈病等，害虫主要有蚜虫、地老虎等。应采取农业防治（如合理轮作、清除病株残体）、生物防治和化学防治相结合的方式进行防控。例如，发病初期及时喷药防治，可用 25% 粉锈宁 600~800 倍液、62.25% 仙生 600 倍液、80% 代森锰锌 600~800 倍液喷雾。

四 采收加工

采收：黄芪一般在秋末至春季萌芽前采收，即种植后第 3~4 年的秋季或早春。采收时先割去地上部分，然后挖取根部，去除泥土，剪去侧根和须根，保留主根。

加工：采收后的黄芪根部需进行初步处理，包括清洗、晾晒或烘干。晾晒时应选择通风、阳光充足的地方，防止雨淋、霉变。待根部干燥至含水量约为 12%~18% 时，即可进行分级、捆扎、包装。优质黄芪要求根粗壮、皮色黄亮、无病虫害和机械损伤。

龙胆

龙胆是龙胆科龙胆属的多年生草本植物，别名龙胆草、粗糙龙胆、关龙胆，是著名中药关龙胆的主要来源植物之一。具有泻肝胆实火、除下焦湿热及健胃等功效。主产于东北三省，华东、华南等部分省份也有分布。

一 形态特征

根茎：龙胆根茎平卧或直立，具有多数粗壮、略肉质的须根。

茎叶：花枝单生，直立，呈黄绿色或紫红色。枝下部叶膜质，淡紫红色，呈鳞片状，长 4~6mm；中上部叶卵形或卵状披针形，叶面绿色，叶背淡绿色或紫红色，边缘具乳突或微粗糙。

花朵：花簇生枝顶及叶腋，无花梗。苞片披针形或线状披针形。萼筒倒锥状筒形或宽筒形，常具 5 条脉。花冠蓝紫色，筒状钟形，裂片 5，通常反卷。雄蕊 5 枚，着生于花冠筒中部，花丝短，花药长圆形，子房上位，花柱短，柱头 2 裂。

果实与种子：蒴果内藏，宽长圆形，成熟时开裂，种子多数，具粗网纹，两端具翅。

花果期：龙胆的花期为 5 月至 11 月，果期随后。

二 生长习性

生态环境：龙胆通常生长在海拔较高的山区、亚高山地带以及潮湿的草甸和沼泽地。

气候条件：龙胆需要充足的阳光，但也能适应半阴的环境，尤其是在夏季高温时，部分遮阴可以避免过度干燥。能耐受一定的干旱，但在生长季节中，保持土壤湿润有助于其健康成长。过湿的土壤可能导致根部腐烂。龙胆喜冷凉气候，能耐受较低的温度，在春季和秋季的温和气候下生长最佳。

土壤要求：偏爱排水良好的土壤，通常为酸性至微碱性。

三 栽培技术

1.选地与整地

土壤要求：土层深厚、疏松肥沃、含腐殖质多的壤土或砂质壤土。不适宜黏土、低洼易涝地，前茬以豆科或禾本科植物为好。

整地：晚秋或早春深翻土地 30~40cm，施入 2 000~3 000kg 腐熟农家肥，避免使用化肥及人粪尿。育苗地畦面宽 1.0~1.2m、高 10~15cm；移栽地畦面宽 1.0~1.2m、高 20~25cm，作业道宽 30~40cm。

2.繁殖方法

播种：4 月上、中旬播种。种子用赤霉素溶液浸泡，细沙混拌，室内向阳处催芽。畦面刮平拍实，浇透水后播种，每平方米 1.5~2.0g。播种后盖细锯末或油松叶保湿。

移栽：春栽于 4 月上、中旬进行，秋栽于 9 月下旬至 10 月上旬行进。行距 20cm，株距 10cm。盖过芽苞 3~4cm。

3.田间管理

水分管理：保持土壤湿润但不过湿，避免积水导致根部腐烂。雨季注意排水。

施肥：幼苗期适当追施稀薄液肥，生长旺盛期可增施磷钾肥，促进植株健壮和花芽分化。

除草：定期清除杂草，避免影响龙胆生长。

修剪：花后及时剪去残花，有助于养分集中供应根部生长。

4.病虫害防治

猝倒病：调节土壤水分，停止浇水。

斑枯病、褐斑病：控制选地，为土壤和种子消毒，覆盖稻草或树叶，清除病株病叶。

四 采收加工

采收：龙胆一般在秋季花期过后至春季萌芽前采收，此时根部营养物质积累最为丰富。采收时连根挖起，去除泥土，剪去地上部分。

干燥：洗净后的根部在通风处晾干或在适宜温度下烘干，避免阳光直射导致有效成分损失。干燥过程中要经常翻动，使其均匀脱水。

加工：干燥后，剔除杂质，按规格大小进行分级，整理成捆。优质龙胆根色泽鲜黄，或呈黄棕色，质地坚实，无病虫害和机械损伤。

甘草

甘草是豆科甘草属的多年生草本植物，别名甜草根、粉草等。甘草性味甘、平，具补脾、益气、润肺止咳、缓急止痛、缓和药性等功能。主产区为内蒙古、甘肃、新疆，在东北地区、河北、山西等地亦有产出。

一 形态特征

根部：根系发达，主根粗壮，可深入地下达 1m 以上，外皮呈褐色，内部淡黄色，味甜。根部含有丰富的甘草甜素和多种生物活性成分，是其主要药用部位。

茎叶：茎直立，多分枝，具腺点、刺毛状腺体，表面覆有稀疏的白色或褐色绒毛。叶为奇数羽状复叶，小叶 7~17 枚，呈椭圆形或卵状椭圆形，全缘或微呈波状，叶面绿色，背面较淡，叶脉明显。

花朵：蝶形花序腋生，花冠紫色、白色或黄色，花期通常为 5—7 月。

果实：荚果线状长圆形，扁平，成熟时开裂，内含数颗扁圆形、黑色或黑褐色的种子。

二 生长习性

生态环境：甘草原生于干旱草原钙质土中，特别是中国西北地区。适应性强，能在半荒漠、草原地带生长。

气候条件：甘草具有抗寒、抗旱、喜光、耐热的特性，对土壤盐碱度也有一定耐受力，是典型的钙土指示植物。

土壤要求：适宜排水良好、土壤微碱性、土层深厚的砂质壤土，对土壤含水量有一定要求，尤其是在幼苗期，土壤含水量不应低于 10%（沙壤土），以防幼苗因干旱死亡。

三 栽培技术

1.选地整地

应选择土层深厚、地下水位低的砂质壤土，耕翻 30cm 左右即可。目前多实行平作，极少作高床。为排水良好及灌溉，也可将地整成小畦，施入基肥。整地最好是秋翻，春翻必须保墒，否则影响出苗、保苗。

2.繁殖方法

种子繁殖：主要方法，可使用温水、碎玻璃碴或浓硫酸处理种子。

根茎繁殖：春秋季挖出根茎，截成小段后埋入地下。

分株繁殖：利用甘草老株旁萌发的新株进行栽植。

3.播种

种子处理：温水浸泡数小时。碎玻璃碴混合研磨半小时。浓硫酸（1∶1.5）浸种约1小时。

播种时间方式：春播3—4月，秋播8—9月。条播行距50cm，沟深3cm。穴播穴距10~15cm，每穴播种3~5粒。用种量2~3kg/亩。

播后管理：保持土壤湿润，苗床上可盖草，干旱时浇水，两三周后出苗。

4.田间管理

灌溉：根据土壤湿度适时灌溉，避免积水，确保幼苗期土壤含水量满足生长需求。

除草：定期除草，保持田间清洁，减少杂草竞争。

施肥：施足基肥，早春追施磷肥，甘草根具有固氮作用。

越冬管理：在寒冷地区，冬季前需进行适当培土或覆盖物保护，防止冻害。

5.病虫害防治

锈病：5—6月发病，危害叶片。集中烧毁病枝，喷施三唑酮。

褐斑病：5—6月发病，危害叶片。集中烧毁病枝，喷波尔多液。

蚜虫：危害嫩枝、叶、花、果。避免与豆科作物邻作。

四 采收加工

采收：甘草一般在生长3~4年后采收，最佳采收时间为秋季或春季萌芽前。采收时应深挖，避免损伤根部，尤其是根皮。

初步处理：挖出后去掉残茎、泥土，切勿用水洗，以免降低品质。趁鲜将主根与侧根分离，除去芦头、毛须等。

干燥：将处理好的根部晒至半干时捆成小把，继续晒至全干。也可以在春季甘草茎叶出土时采挖，直接晒干或烘干。

贮存：干燥后的甘草应置于通风、干燥、避光处保存，防止受潮、发霉或虫蛀。

桔梗

桔梗是桔梗科桔梗属的多年生草本植物，以根部入药，具有宣肺止咳、排脓消炎等功效。主产于山东、安徽、四川等地。

一 形态特征

根部：根肥大肉质，呈长圆锥形，入土深，是桔梗的主要药用部位。根部通常为淡黄白色或黄棕色，表皮光滑，断面为白色或淡黄色。

茎叶：茎直立，通常无毛或偶有短毛，高度可达20~120cm，不分枝或少有上部分枝。叶互生或轮生，无柄或有极短的柄，叶片卵形、卵状椭圆形至披针形，边缘有锯齿，两面可能被短柔毛。

花朵：花单朵或数朵形成顶生或腋生的聚伞花序，花冠钟状，直径2~5cm，花色多为蓝色或蓝紫色，有时为白色或粉色，花期一般在夏季（7—9月）。

果实：蒴果倒卵状球形，顶端开裂，内含种子多数。

二 生长习性

气候条件：桔梗喜凉爽气候，耐寒，喜阳光。在温暖而湿润的环境中生长良好，但不耐高温和高湿。适宜生长温度一般为15~25℃。

土壤要求：喜欢富含磷钾肥的中性或微碱性砂质壤土，要求排水良好，不宜在低洼积水或过于黏重的土壤中种植。土壤pH值以6.5~7.5为宜。

光照需求：桔梗为阳性植物，需要充足的光照，光照不足会导致植株生长瘦弱，花色暗淡，影响产量和品质。

生育周期：播种后一般第二年或第三年开始开花结实，生长期较长，根部可越冬。

三 栽培技术

1.选地与整地

土壤选择：选择阳光充足、土层深厚、排水良好的平地，以砂质壤土、壤土或腐殖土为佳。

整地：深耕30~40cm，整细耙平，做成宽1.2~1.5m的畦。施土杂肥4 000kg/亩作基肥。

2.繁殖方法

种子处理：主要采用种子繁殖，播种期通常在春季或秋季。用50~60℃温水搅动，漂出杂质，再用0.3%高锰酸钾溶液，浸泡12小时。

播种：条播行距20~25cm，沟深4~5cm，播幅10cm。播后盖火灰或覆土2cm。

3.田间管理

间苗与补苗：在苗高2cm时疏苗，3~4cm时定苗，苗距为10cm。

中耕除草：定期进行中耕除草，保持田间清洁，减少杂草竞争。

灌溉与排水：保持土壤湿润但不积水，雨季注意排水，防止根部病害。

施肥：在生长期适时追施氮、磷、钾肥，特别是在开花前施入磷钾肥，有利于花芽分化和根部生长。

打顶与除花：二年生留种植株打顶，非留种植株除花，喷施乙烯利。

4.病虫害防治

轮纹病和纹枯病：波尔多液喷施防治。

蚜虫、红蜘蛛：杀虫剂、杀螨剂喷雾防治。

菟丝子：拔除茎，严重时连植株一起拔掉并处理。

四 采收加工

采收：一般在秋季（8—10月）地上部分枯萎后或春季萌芽前采收，此时根部有效成分含量较高。采收时挖出根部，避免损伤。

清洗与初加工：去掉泥土和残茎，剪去须根，洗净后晒至半干。

干燥：将半干的根部放在通风、阴凉处进一步晾干或置于低温烘干设备中烘干，直至根部质地坚实，断面呈白色或淡黄色，含水量达到规定标准。

分级与贮藏：干燥后根据根部大小、形状、色泽等进行分级，然后装入干燥、通风、避光的容器中密封保存，避免受潮、虫蛀。

柴胡

柴胡是伞形科柴胡属的多年生草本植物，以根入药，具有疏肝解郁、升举阳气的功效。产于东北、华北、华东及河南、陕西等地区。

一 形态特征

根部：柴胡的根系发达，主根粗壮，呈圆锥形或圆柱形，黄棕色或棕褐色，表面有纵纹及横向皮孔，断面黄白色。根部含有丰富的皂苷类化合物，是其药用价值的核心部位。

茎叶：茎直立，有纵棱，基部带紫红色，上部多分枝，被短柔毛。叶互生，基生叶和下部叶有长柄，叶片羽状分裂或全裂，裂片披针形或线状披针形，边缘有锯齿，两面疏生短柔毛。

花朵：伞形花序顶生或腋生，总苞片数枚，线形或线状披针形，小总苞片多数，狭披针形，花瓣黄色，呈倒卵形或楔形，顶端内曲，花期一般在7—9月。

果实：双悬果，椭圆形或卵圆形，成熟时黄褐色，表面有纵棱，分果具5棱，每棱槽内有油管1个，合生面油管2个。

二 生长习性

气候条件：柴胡喜凉爽湿润气候，耐寒、耐旱，对光照有一定的需求。适宜生长温度为15~25℃，不耐高温，高温季节生长受到抑制。

土壤要求：对土壤要求不严格，但以土层深厚、排水良好、富含腐殖质的砂质壤土或黄棕壤为佳。能适应中性至微碱性土壤，忌土壤过湿或积水。

光照需求：柴胡为喜光植物，充足的光照有利于植株生长、花芽分化和药材品质的提高。

三 栽培技术

1.选地与整地

土壤选择：疏松肥沃、排水良好的夹沙土或沙壤土。

整地：进行深翻，每亩施入2 000kg农家肥作为基肥。整细耙平后，做成宽1.3m的畦；坡地可只开排水沟。

2.繁殖方法

种子繁殖：3—4月播种，与火灰拌匀后播种。条播或穴播，行距约30cm，穴距约25cm。用种量800~1 200g/亩。

育苗移栽：3月播种，苗床选择向阳地块，播种后覆盖地膜或用草帘保温保湿。4月下旬至5月上旬，苗高6~8cm时定植。

3.田间管理

松土除草：苗高约10cm时开始，注意不要伤害幼苗。

间苗：结合松土除草进行，去弱留强。条播每隔5~7cm留壮苗1株，穴播每穴留4~5株，及时补苗。

水肥管理：移栽前结合除草追施人畜粪水，第二年中耕施肥2次。在生长旺盛期（6—7月）适当追肥和浇水。收割后中耕，用腐熟堆肥壅根。

4.病虫害防治

锈病：危害茎叶。清洁田园，处理病株。

斑枯病：危害叶片。清洁田园，轮作，发病初期用波尔多液喷雾。

根腐病：支根和须根变褐腐烂，主根发病后根部腐烂。选壮苗移栽，增施磷肥，提高抗病能力，发现病株及时拔除并用石灰水处理病穴。

黄凤蝶：幼虫危害叶、花蕾。发生时用BT喷雾防治。

四 采收加工

采收：柴胡一般在种植2~3年后的秋季，地上部分枯黄时采收，此时根部有效成分含量最高。采收时小心挖掘根部，避免损伤。

清洗与初加工：去掉泥土和残茎，剪去须根，洗净后晒至半干。

干燥：将半干的根部置于通风、阴凉处进一步晾干，或使用低温烘干设备烘干，直至根部质地坚实，断面呈黄白色，含水量达到规定标准。

分级与贮藏：干燥后根据根部大小、形状、色泽等进行分级，然后装入干燥、通风、避光的容器中密封保存，避免受潮、虫蛀。

黄芩

黄芩是唇形科黄芩属的多年生草本植物，以根入药，具有清热燥湿、泻火解毒、凉血安胎等功效。主产于我国西北、东北地区，山西、河南、山东等地也有栽培。

一 形态特征

根部：黄芩的根系发达，主根粗壮，呈圆锥形或扭曲状，外表棕褐色或黄褐色，断面黄白色或黄色，木质化程度较高。根部含有丰富的黄酮类化合物，是其药用价值的关键部位。

茎叶：茎直立，方形，具四棱，有短柔毛，节部明显。叶对生，叶片卵圆形或披针形，边缘具锯齿，两面均有短柔毛，叶柄较短。

花朵：花序顶生或腋生，总状或穗状，花偏向一侧开放，具叶状苞片；花萼二唇形，紫色或蓝紫色；花冠同样二唇形，上唇盔状，下唇开展，花色通常为蓝紫色或紫色，花期一般在6—9月。

果实：小坚果，卵圆形，黑褐色，表面具小瘤状突起，成熟时易脱落。

二 生长习性

气候条件：喜温暖、向阳、干燥环境，耐严寒，成年植株地下部分在低温下仍能安全越冬。耐旱能力强，但不耐高温高湿，积水过多会生长不良，甚至导致烂根死亡。

土壤要求：对土壤要求不甚严格，中性或微碱性土壤均可，尤喜富含腐殖质、排水良好的砂质壤土或壤土。忌连作。

光照需求：喜阳植物，充足的光照有利于植株生长、开花及药材品质的提升。

三 栽培技术

1.选地与整地

土壤选择：土层深厚、排水良好、肥沃疏松的砂质壤土。

整地：每亩施2 000～3 000kg农家肥，配施50kg过磷酸钙作基肥。深耕细耙，做成宽1.3m的畦。或只开排水沟，不作畦。

2.繁殖方法

种子繁殖：用40～50℃温水浸泡5～6小时，保持20～30℃催芽。在3—4月，条播或直播，行距40cm，覆土3～4cm。用种量1kg/亩。

扦插繁殖：成年植株，开花前剪下枝条，用ABT 5号生根粉处理2小时。扦插立即浇水，株行距同种子繁殖。

分根繁殖：春季收刨，上部有芽的根茎分成3～4小株。用ABT 5号生根粉处理2小时。按种子繁殖的株行距栽于大田。

3.田间管理

定苗、补苗：苗高5～6cm时定苗，株距12～15cm。

中耕除草：经常除草，适当松土，分根繁殖者结合除草培土。

水肥管理：幼苗生长旺盛期为6—7月，追施尿素25kg和过磷酸钙10kg。二年生植株开花前如采收种子，多追肥。干旱严重时需浇水或喷水，雨后排除积水。

打顶：不采种田块开花前剪掉花梗。

4.病虫害防治

叶枯病：秋后清洁田园，发病初期用波尔多液喷雾。

白粉病：加强田间管理，注意通风透光，发病期喷施苯醚甲环唑。

黄芩舞蛾：清洁田园，发生期用敌百虫喷雾防治。

菟丝子：拔掉茎，深埋或集中烧毁。

四 采收加工

采收：黄芩一般在种植后2~3年的秋季（9—10月），地上部分枯黄时采收，此时根部有效成分含量最高。采收时小心挖掘根部，避免损伤。

清洗与初加工：去掉泥土和残茎，剪去须根，洗净后晒至半干。

干燥：将半干的根部置于通风、阴凉处进一步晾干或使用低温烘干设备烘干，直至根部质地坚实、断面呈黄白色，含水量达到规定标准。

分级与贮藏：干燥后根据根部大小、形状、色泽等进行分级，然后装入干燥、通风、避光的容器中密封保存，避免受潮、虫蛀。

防风

防风是伞形科防风属的多年生草本植物，以根和根茎入药，具有祛风解表、胜湿止痛的功效。

一 形态特征

根部：防风的根系发达，主根粗壮，呈圆锥形或长圆锥形，表面黄褐色或灰棕色，有纵皱纹及横长皮孔，断面黄白色，有菊花心。根部富含挥发油、生物碱等成分，是其主要药用部位。

茎叶：茎直立，中空，表面有纵皱纹，被短柔毛。基生叶有长柄，叶柄基部扩大呈鞘状抱茎；叶片三出式羽状分裂，裂片呈阔卵形或卵状披针形，边缘有锯齿，两面均被短柔毛；茎生叶向上逐渐简化，叶柄渐短，叶片分裂程度也逐渐减小。

花朵：复伞形花序顶生或腋生，总苞片数枚，线形；小苞片多数，披针形；花小，白色或淡黄色，花瓣5枚，雄蕊5枚，子房下位，花柱短，柱头头状。

果实：双悬果，椭圆形或卵圆形，成熟时黄绿色，表面有纵棱，分果具5棱，每棱槽内有油管1个，合生面油管2个。

二 生长习性

气候条件：防风喜凉爽湿润气候，耐寒、耐旱，对光照有一定的需求。适宜生长温度为15~25℃，不耐高温，高温季节生长受到抑制。

土壤要求：对土壤要求不严格，但以土层深厚、排水良好、富含腐殖质的砂质壤土或黄棕壤为佳。能适应中性至微碱性土壤，避免土壤过湿或积水。

光照需求：防风为喜光植物，充足的光照有利于植株生长、花芽分化和药材品质的提高。

三 栽培技术

1.选地与整地

土壤选择：应选择地势高燥、排水良好的砂质壤土，不适宜黏质壤土。

整地：每亩用3 000~4 000kg厩肥及15~20kg过磷酸钙。深耕细耙，北方为1.3~1.7m宽的平畦，南方多雨地区为1.3m宽、沟深25cm的高畦。

2.繁殖方法

种子繁殖：播种时间分为春播（长江流域在3月下旬至4月中旬，华北地区4月上中旬）或秋播（长江流域在9—10月，华北地区在地冻前）。春播前须温水浸泡1天。条播行距30~40cm，沟深2cm。用种量每亩1~2kg。播后覆土盖平，镇压，盖草浇水，保持湿润。

分根繁殖：收获时或早春取0.7cm以上根条。截成3cm长的小段。株行距15cm×50cm，穴深6~8cm。种根用量每亩约50kg。

3.田间管理

间苗与定苗：苗高5cm时间苗，10~13cm时定苗。

除草与培土：6月前多次除草，封行时摘除老叶后培土，入冬时再次培土。

水肥管理：每年6月上旬或8月下旬追肥，施人粪尿、过磷酸钙或堆肥。播种后保持土壤湿润，雨季注意排水。

摘薹：两年以上植株除留种外及时摘薹。

4.病虫害防治

白粉病：夏、秋季危害叶片。施磷钾肥，注意通风透光。

黄翅茴香螟：现蕾开花时发生，危害花蕾及果实。用 BT 乳剂 300 倍液喷雾防治。

黄凤蝶：5 月开始危害，幼虫啃食叶、花蕾。人工捕杀，幼龄期喷 BT 乳剂。

四 采收加工

采收：防风一般在种植后 2~3 年的秋季（9—10 月），地上部分枯黄时采收，此时根部有效成分含量最高。采收时小心挖掘根部，避免损伤。

清洗与初加工：去掉泥土和残茎，剪去须根，洗净后晒至半干。

干燥：将半干的根部置于通风、阴凉处进一步晾干，或使用低温烘干设备烘干，直至根部质地坚实、断面呈黄白色，含水量达到规定标准。

分级与贮藏：干燥后根据根部大小、形状、色泽等进行分级，然后装入干燥、通风、避光的容器中密封保存，避免受潮、虫蛀。

党参

党参是桔梗科党参属的多年生草本植物，以其根部入药，具有补中益气、生津止渴的功效。主产于山西、河北、东北等地。

一 形态特征

根部：长圆柱形，少有分枝，肉质，表面灰黄色至棕色，上端有细密环纹，下部皮孔横长且稀疏，根头膨大，具有多数瘤状茎痕，俗称“狮子盘头”。

茎叶：细长且多分枝，幼嫩部分覆盖细白毛。叶片互生、对生或假轮生，卵形或广卵形，基部近心形，两面有毛，边缘全缘或浅波状。

花朵：花单生或数朵排列成总状花序，顶生或腋生；花萼 5 裂，绿色；花冠钟状，5 裂，黄绿色或淡紫色，喉部有紫色斑点；雄蕊 5 枚，花丝短，花药长圆形；子房下位，花柱短，柱头 2 裂。

果实：蒴果圆锥形，成熟时开裂，内含多数细小的种子，椭圆形，棕褐色，有光泽。

二 生长习性

气候条件：党参喜凉爽湿润气候，耐寒、耐旱，对光照有一定的需求。适宜生长温度为 15~25℃，不耐高温，高温季节生长受到抑制。

土壤要求：对土壤要求不严格，但以土层深厚、排水良好、富含腐殖质的砂质壤土或黄棕壤为佳。能适应中性至微碱性土壤，忌土壤过湿或积水。

光照需求：党参为喜光植物，充足的光照有利于植株生长、花芽分化和药材品质的提高。

三 栽培技术

1.选地整地

土壤选择：选择向阳、排水良好的地块，土壤以疏松、肥沃的砂质壤土或黄棕壤为宜。

整地：深翻土壤，每亩施农家肥 2 000kg，定植地施农家肥 3 000kg，加少许磷、钾肥。深耕 30cm，耙细整平，做成宽 1.2m 的平畦。

2.繁殖方法

主要方式：种子繁殖，常育苗移栽，少直播。

育苗：播种时间为雨季或秋、冬封冻前，灌溉区可春播。种子用温水浸种，纱布袋内保湿，室内沙堆上催芽。撒播均匀撒于畦面，盖薄土，亩用种 1kg。条播行距 10cm 开沟，撒种后盖薄土，亩用种 0.6~0.8kg。覆盖保湿物，适当浇水，保持湿润，春播可覆盖地膜。在苗高 5cm 时逐渐揭去，苗高 10cm 时间苗。

移栽：参苗生长 1 年后，在 10—11 月或翌年 3—4 月进行移栽，行距 20~30cm，深 15~20cm。栽种：参苗斜摆，芽头向上，覆土约 5cm，亩用种约 30kg。

3.田间管理

灌溉与排水：移栽后灌水，成活后少灌，雨季排水防烂根。

追肥：移栽后搭架前追施人粪尿，亩施 1 000~1 500kg。在生长期适时追施氮、磷、钾肥，有利于根部生长和提高药材品质。

中耕除草：定期进行中耕除草，保持田间清洁，减少杂草竞争。

搭架：苗高 30cm 时搭架，促进生长，提高抗病能力。

4.病虫害防治

锈病：秋季多发，危害叶片。防治方法：清洁田园。

根腐病：一般在土壤过湿和高温时多发，危害根部。防治方法为轮作，及时拔除病株并用石灰粉为病穴消毒。

蚜虫、红蜘蛛：危害叶片和幼芽。可用杀虫剂、杀螨剂喷雾防治。

四 采收加工

采收：党参一般在种植后第 2~3 年的秋季（9—10 月），地上部分枯黄时采收，此时根部有效成分含量最高。采收时小心挖掘根部，避免损伤。

清洗与初加工：去掉泥土和残茎，剪去须根，洗净后晒至半干。

干燥：将半干的根部置于通风、阴凉处进一步晾干或使用低温烘干设备烘干，直至根部质地坚实、断面呈黄白色或黄棕色，有裂隙或菊花纹，中央有淡黄色圆心，含水量达到规定标准。

分级与贮藏：干燥后根据根部大小、形状、色泽等进行分级，然后装入干燥、通风、避光的容器中密封保存，避免受潮、虫蛀。

山药

山药是薯蓣科薯蓣属的多年生草质藤本植物，以地下块茎供食用和药用，具有补脾益肺、益肾固精的功效。

一 形态特征

地下部分：山药的地下部分为肉质块茎，形态多样，有长圆柱形、圆筒形、纺锤形、掌状或团块状等。外皮颜色有红褐、黑褐、紫红等，肉质多为白色，部分品种为淡紫色。块茎表面密生须根，横断面圆形或多棱形，右旋。块茎内部富含淀粉、蛋白质、维生素及矿物质等营养成分，是食用和药用的主要部分。

地上部分：山药地上部分为藤本植物，茎蔓攀缘性强，茎圆或稍有棱翼，叶对生，叶脉明显。花序为穗状或总状，花小，淡黄绿色，雌雄异株。果实为蒴果，内含数粒扁圆形种子。

二 生长习性

气候条件：山药喜温暖气候，耐寒性较差，不耐霜冻。生长适温为20~28℃，苗期生长最适温度为15~20℃，20℃以下生长缓慢。对光照要求较高，属短日照植物。

土壤条件：山药对土壤要求较为严格，喜疏松、肥沃、排水良好的砂质壤土或黏质壤土，pH值以中性（6.5~7.5）为佳。不耐水涝，要求土层深厚，地下水位较低，以利于块茎的正常发育。此外，山药根系有深根性特点，且根系分布较广，对土壤肥力消耗较大，故一般需实行轮作。

三 栽培技术

1.选地整地

地块选择：选择向阳、地势平坦、排水良好的沙壤土地块，避免低洼积水地。

整地：深翻土壤60cm，施入3 000kg腐熟农家肥。整成高畦或高垄，垄宽约40cm，畦宽约1m，两边开排水沟。

2.繁殖方法

珠芽繁殖：枯萎时摘取珠芽，室内沙藏越冬，3—4月播种，秋季挖取根部作种栽。

芦头繁殖：收山药时选壮根茎，切下芦头，沙藏，畦栽时按株行距开沟种植。

3.田间管理

水肥管理：山药耐旱，但出苗前和生长旺盛期须适量灌溉，保持土壤湿润而不积水。施肥以基肥为主，追肥主要在生长中期进行，以磷、钾肥为主，促进块茎生长。

中耕除草：山药根系浅，中耕时要避免损伤根系，多采用拔草、盖土、盖草等方法进行管理。

支架、理蔓、整枝：苗高20~30cm时搭架，高约2m。适时理蔓，保持通风透光。

4.病虫害防治

炭疽病：7—8月发生，危害茎叶，造成茎枯、落叶。防治方法为移栽前用1:1:150波尔多液浸种10分钟，做好田间清洁，防止病原菌传播。

褐斑病：危害叶，病斑不规则、褐色，散生小黑点，雨季严重。防治方法为清除病残叶并烧毁，发病期用1:1:120波尔多液喷洒，每7天1次，连续2~3次。

白锈病：7—8月发生，危害茎叶，茎叶上出现白色突起的小疙瘩，破裂后散出白色粉末，造成地上部枯萎。防治方法为及时排灌，防止地面积水；不与十字花科作物轮作；发病期喷1:1:100波尔多液防治。

线虫病：主要为短体线虫病，危害块根，使受害块根出现大小不等的小瘤，影响质量和产量。防治方法为避免在有线虫害发生的土地上栽种；严格选择，淘汰感染了线虫病的芦头和种栽。

四 采收加工

采收：山药一般在秋季，当茎叶大部分枯黄时采收。过早采收产量低且易折断，过晚则易受冻害。大面积种植时，可采用机械采收。

初加工：采收后去除泥土，剪去须根，对块茎进行分级。新鲜山药可以直接销售或短期储存，用于鲜食。

贮藏与深加工：山药可通过冷藏、沙藏等方式进行短期或长期贮藏，也可进一步加工成山药粉、山药片、山药泥等产品，或用于提取山药淀粉、制作山药酒等。

留种：选择健壮、无病虫害的山药块茎作种薯，存放于适宜条件下越冬，来年春季用于播种。

远志

远志是远志科远志属的多年生草本植物，以根入药，具有安神益智、祛痰、消肿的功效。分布于华北、东北、西北、华东等地。

一 形态特征

根部：远志的根部粗壮，呈圆柱形或略弯曲，长可达 40cm，直径可达 1cm，外皮黄褐色至灰褐色，韧皮部肉质，富含药用成分。根部有侧根及须根，根尖有时可见细小的白色芽眼。

茎叶：茎直立或斜上，丛生，上部多分枝，茎基部木质化。叶互生，狭线形或线状披针形，长 1~4cm，宽 1~3mm，先端渐尖，叶面绿色，叶背淡绿色或紫红色，边缘具乳突或微粗糙，叶柄短或近无。

花朵：远志为腋生或顶生的总状花序，花小，淡蓝紫色或白色，花萼 5 裂，花瓣 5 枚，雄蕊 5 枚，花丝短，花药长圆形，子房上位，花柱短，柱头 2 裂。

果实与种子：蒴果长椭圆形，成熟时开裂，内含多数细小的种子，种子具翅，易于随风传播。

二 生长习性

生态环境：远志多野生于山坡林下、路旁或草地上，适应多种生境，尤其喜向阳、湿润且排水良好的环境。

气候条件：远志喜温凉气候，耐寒、耐半阴，对光照有一定需求，但也能在半阴条件下生长，忌高温。

土壤要求：偏好富含腐殖质的壤土或砂质壤土，土壤 pH 值以酸性或微酸性为宜。在土层深厚、肥沃湿润、排水良好，富含腐殖质的砂质壤土地里生长良好。

三 栽培技术

1.选地整地

选地：以向阳、地势高燥、排水良好的砂质壤土为宜。

整地：土壤深翻25～30cm，耙细整平，北方多用宽1m平畦。每亩施厩肥2 500～3 000kg、鸡粪500kg、草木灰500kg、磷酸二氢铵50kg。

2.繁殖方法

直播：春播4月中下旬，秋播10月中下旬或11月上旬。用水或0.3%磷酸二氢钾溶液浸种一昼夜。每亩用种1.0～1.5kg，行距20～30cm，沟深1.0～1.2cm。播后用草木灰1.5～2.0cm覆盖，北方可用农膜覆盖。

育苗移栽：3月上中旬，苗床条播，在苗高5cm时定植，株行距(3～6)cm×(15～20)cm。

3.田间管理

水分管理：保持土壤湿润但不过湿，避免积水导致根部腐烂，雨季注意排水。

施肥：幼苗期适当追施稀薄液肥，生长旺盛期可增施磷、钾肥，促进植株健壮和花芽分化。

除草：定期清除杂草，避免影响远志生长。

修剪：花后及时剪去残花，有助于养分集中供应地下根部生长。

4.病虫害防治

根腐病：多雨季节及低洼地易发，危害根部。尽早发现病株拔掉并烧毁，病穴用10%的石灰水消毒。

叶枯病：高温季节易发，危害叶片。清洁田园，发病初期用1:1:100波尔多液喷雾防治。

蚜虫：危害茎叶，用吡虫啉喷雾防治。

豆芫菁：6—8月发生，危害叶片和嫩茎。防治方法为人工捕杀等。

四 采收加工

采收：远志一般在秋季花期过后至春季萌芽前采收，此时根部营养物质积累最为丰富。采收时连根挖起，去除泥土，剪去地上部分。

干燥：洗净后的根部在通风处晾干或在适宜温度下烘干，避免阳光直射导致有效成分损失。干燥过程中要经常翻动，使其均匀脱水。

加工：干燥后，剔除杂质，按规格大小进行分级，整理成捆。优质远志根要求色泽鲜黄或黄棕色，质地坚实，无病虫害和机械损伤。

知母

知母是百合科知母属的多年生草本植物。具滋阴降火、润燥滑肠之功能。主产于山西、河北、内蒙古，陕西、甘肃、宁夏、山东、江苏、安徽与东北三省也有分布和栽培。

一 形态特征

根部：知母的根状茎肥厚，黄褐色，横走，节间明显，有众多须根。根状茎具有较强的繁殖能力，可不断分蘖形成新的植株。

茎叶：茎直立，基部稍木质化，上部有多数分枝。叶互生，线形，长 15~40cm，宽 0.5~1cm，先端渐尖，全缘，叶脉平行，无明显中脉。叶面绿色，叶背常有白粉。

花朵：知母为总状花序，顶生或腋生，花序轴有短柔毛。花小，淡黄绿色，花被片 6，2 轮，外轮 3 片较大，内轮 3 片较小，雄蕊 6 枚，花药长圆形，花丝短，雌蕊 1 枚，子房上位，3 室，花柱 3 枚，柱头头状。

果实与种子：蒴果三角状卵形，成熟时三瓣裂，内含多数黑色、肾形种子，有光泽，表面具网状纹理。

二 生长习性

生态环境：知母多生于荒地、山坡草地、河岸沙滩、林缘等地，对土壤适应性强，尤其喜好砂质或砾石质土壤。

气候条件：知母耐寒、耐旱、耐盐碱，喜阳光充足、气候温和的环境，能忍受一定程度的干旱和盐碱土壤。对温度适应范围广，既能在寒冷地区越冬，也能在炎热地区生长。

土壤要求：知母对土壤要求不严，但以疏松、排水良好的砂质土壤或砾石质土壤为佳。对盐碱地有较强的适应性，可在 pH 值为 7.0~9.0 的土壤中生长。

三 栽培技术

1.选地与整地

土地选择：宜选疏松肥沃、排水灌溉便利的壤土或砂质壤土。

施肥与耕作：每亩施用农家肥 4 000kg，复合肥 20kg，深耕至 20cm，整平土地，制成 1.2m 宽的平畦。

2.繁殖方法

种子繁殖：播种时间为秋播（封冻前）或春播（4 月）。用 60℃温水浸种 8～12 小时，晾干后与种子量两倍的湿沙混合，置于温暖处催芽，待胚芽破皮后播种。条播方式，行距 20cm，覆土 1～2cm，浇水。秋播春季出苗，春播催芽后 7～10 天出苗。每亩用种量约 1kg。

分株繁殖：收获时取根茎有芽端，每段切成 3～6cm，每段带 1～2 个芽。以行距 25～30cm 开沟，株距 9～12cm 栽种，覆土 3～4cm，浇水。

3.田间管理

间苗与定苗：出苗后及时间苗，苗高 10cm 时定苗，株距 7～10cm。

松土与培土：幼苗长出 3 片真叶时浅锄松土，每年除草松土 2～3 次。雨后和秋末进行培土。

施肥管理：4—8 月，每亩追施农家肥 4 000kg、复合肥 20kg，捣碎拌匀撒于根部，结合锄地盖肥，追肥后喷灌水。

水分管理：保持土壤湿润，冬季前适时浇水，春季干旱时浇水，雨季注意排水。

覆盖：苗期或春季追肥后覆盖麦糠等 800～1 000kg，连续覆盖 2～3 年。

打薹：种子繁殖一年后或分株繁殖当年，5—6 月抽薹开花前剪去花薹（非留种田）。

4.病虫害防治

知母病害很少，虫害主要为蛴螬，危害地下部分。可用杀虫灯诱杀成虫或田间施用金龟子绿僵菌。

四 采收加工

采收：知母一般在秋季地上部分枯黄后至春季萌芽前采收，此时根部营养物质积累较为丰富。采收时连根挖起，去除泥土，剪去地上部分。

干燥：将洗净后的根部置于通风处晾干，或在适宜温度下烘干，避免阳光直射导致有效成分损失。干燥时要经常翻动，使其均匀脱水。

加工：干燥后，剔除杂质，按规格大小进行分级，整理成捆。优质知母根色泽为黄白或黄棕色，质地坚实，无病虫害和机械损伤。

地黄

地黄是玄参科地黄属的多年生草本植物，以其根入药，具有滋阴补肾、清热凉血等功效。主产于河南、山西等地。

一 形态特征

根部：地黄的根状茎肉质肥厚，鲜时黄色，在栽培条件下直径可达 5.5cm。根茎为药用部位，富含糖分和多种活性成分。

茎叶：茎紫红色，密被灰白色多细胞长柔毛和腺毛。叶通常在茎基部集成莲座状，向上逐渐缩小成苞片或互生在茎上，叶片卵形至长椭圆形，绿色，叶面有时具紫色斑点，边缘具不规则圆齿或钝锯齿，叶脉凹陷于叶面，隆起于叶背。

花朵：花具长梗，细弱，弯曲而后上升，可排列成总状花序或几乎全部单生于叶腋。萼长 1~1.5cm，密被多细胞长柔毛和白色长毛，具 10 条隆起的脉，萼齿 5 枚，有时前方 2 枚裂片再裂使萼齿总数达 7 枚。花冠长 3~4.5cm，筒状，外面紫红色，被多细胞长柔毛，裂片 5 枚，先端钝或微凹，内面黄紫色，两面均有毛。雄蕊 4 枚，药室矩圆形。子房幼时 2 室，老时因隔膜撕裂而成一室，无毛，花柱顶部扩大成 2 枚片状柱头。

二 生长习性

气候条件：地黄喜凉爽气候，怕高温，适宜生长温度为 15~25℃，4—5 月为花期，5—6 月为果实成熟期，8—10 月为根茎迅速生长期，10—11 月地上茎叶枯萎。

土壤要求：地黄适应性强，对土壤要求不严，但在肥沃松软、排水良好的砂质壤土中生长最佳。它喜“黄墒”（即土壤疏松湿润），但怕水淹泡。

光照需求：地黄喜阳光充足，亦能耐一定阴湿环境，光照不足可能导致植株生长瘦弱，花色暗淡。

三 栽培技术

1.选地与整地

选地：选择平坦、肥沃、向阳、排水良好、中性至微碱性的砂质壤土，前茬作物以蔬菜、小麦、玉米为宜。

整地：每亩施农家肥 1 000kg、饼肥 150kg、过磷酸钙 30kg。深翻 30cm，耙细，做成高 25cm、宽 70~80cm 的高垄，或在干旱地区做 1.3m 宽的平畦。

2.繁殖方法

块根繁殖：日均温 13℃起栽，最佳 18~21℃，河南地区于 4 月上中旬，晚地黄于 5 月下旬至 6 月上旬，选直径 1cm 左右健康块根，截成 5~6cm 段，按行距 30cm 开沟，每隔 15~20cm 种一段，覆土 3~4cm，压实浇水。每亩需 30~40kg 种根。

种子繁殖：3—4 月条播，覆土 0.2~0.3cm，待 6~8 叶时移栽，行距 15~20cm，株距 15cm，移栽后浇水。

3.田间管理

苗期管理：及时去除双苗或多苗，补栽保证一株一苗，摘除花蕾。

中耕除草：定期除草，避免伤根，封行后人工拔草。

追肥：苗期施氮肥，如人粪尿或尿素；块根膨大期（8—9 月）施复合肥、饼肥，注意施肥位置和浇水。

排灌：生长期适量浇水，高温时早晚灌水降温，及时排涝。

4.病虫害防治

枯萎病：选高燥地，轮作，选用无病种根栽培。

病毒病：选用无病毒繁殖材料，防蚜虫，选抗病品种。

大豆胞囊线虫：避免连作，前茬非大豆类，温水浸种，土壤消毒。

地黄拟豹纹蛱蝶：清洁田园，防止幼虫啃食叶片。

四 采收加工

采收：一般在秋季地上部分枯萎后或春季萌芽前采收，此时根部有效成分含量较高。采收时尽量避免损伤根部。

初加工：挖取根茎后，去掉泥土，剪去残茎，洗净。

干燥：将洗净的根茎晒至半干，然后移至通风、阴凉处继续晾干或使用低温烘干设备烘干，直到根部质地坚实，含水量符合要求。

分级与贮藏：干燥后根据根部大小、形状、色泽等进行分级，然后装入干燥、通风、避光的容器中密封保存，避免受潮、虫蛀。

百合

百合是百合科百合属的多年生草本植物，品种多样，花形美观，是常见的观赏植物，部分品种的鳞茎可食用或用作药材。

一 形态特征

地下部分：百合具有肥大的鳞茎，形状多样，包括球形、卵形、椭圆形等，鳞茎外包有一层褐色或淡黄色的膜质鳞片，内部包含多个鳞茎瓣，每个瓣内含有一枚芽，这些芽可以发育成新的植株。

茎叶：茎直立，光滑或具细毛，茎秆基部带红色或紫褐色斑点，茎秆基部有数枚鳞片状退化叶。叶互生，通常呈螺旋状排列，形态各异，包括披针形、椭圆形、条形等，叶面深绿色，叶脉平行，无叶柄或叶柄极短。

花朵：花顶生或簇生，形成总状花序，花型较大，花瓣 6 枚，多为漏斗状或喇叭状，色彩丰富，常见有白色、黄色、粉色、橙色、红色等，部分品种花瓣上有紫色或黑色斑点。花蕊长而突出，雄蕊 6 枚，雌蕊 1 枚，子房上位，3 室。

果实与种子：百合结蒴果，成熟时开裂，内含多数黑色或褐色种子，种子扁平，两端具翅。

二 生长习性

气候条件：百合喜欢温暖、湿润的气候，最适生长温度为 15～25℃，具有一定耐寒性，但长时间低于 10℃生长会受阻，高于 30℃则易出现生长不良。部分品种有较强的耐寒能力。

土壤要求：百合对土壤适应性较强，但以疏松、肥沃、排水良好的砂质壤土或腐殖质丰富的壤土为佳，pH 值偏中性或微酸性为宜。

光照需求：百合喜光，光照充足有利于花芽分化和开花。

三 栽培技术

1.选地与整地

选地：优先选择前作为豆类、瓜类或蔬菜的地块，须地势高燥、阳光充足、土层深厚且排水性能佳。

整地：深翻土层25cm以上，平整为宽1.3m的高畦或平畦，设置宽30cm的畦沟，并确保周边有深排水系统。

2.繁殖方法

采用子鳞茎繁殖，选择根系强健、个大、抱合紧密的母鳞茎，每株含有3~5个均匀大小的子鳞茎作种，9月份栽种，行株距分别为24~27cm、17~20cm，每亩需种量300~350kg。

3.田间管理

前期：冬季晴天中耕晒土，春季松土除草以提升地温和促苗早发，夏季防高温腐烂，秋冬保温防霜冻并施提苗肥。

中期：5月现蕾期，重点清沟排水、适时打顶，控制氮肥使用，以防茎叶过度生长。

后期：夏至前后摘除成熟珠芽，持续清沟理墒以降低田间湿度。

追肥：早春施有机肥和复合肥，4月施粪水，开花打顶后追施速效肥和磷酸二氢钾叶面肥。

4.病虫害防治

立枯病：高畦栽培，确保排水畅通。

叶枯病（灰霉病）：病叶集中销毁，实施轮作制度，增强植株抵抗力。

疫病：清理病株，保持排水，初期使用波尔多液喷洒。

虫害（蛴螬）：避免肥料携带幼虫，使用毒饵防治。

四　采收加工

鳞茎采收：一般在秋季地上部分枯黄后至春季萌芽前采收鳞茎，此时鳞茎营养物质积累最为丰富。采收时小心挖掘，避免损伤鳞茎。

干燥与贮存：采收后去除泥土，将鳞茎在通风处晾干，然后放置于通风、阴凉、干燥处贮存，避免受潮、霉变。

种子采收：待蒴果成熟裂开时，收集种子，干燥后妥善保存，以备来年播种。

切花采收：作为切花使用的百合，应在花蕾完全展开、颜色鲜艳但未完全开放时采收，采后立即插入水中做保鲜处理。

丹参

丹参是唇形科鼠尾草属的多年生草本植物，其根部在中医诊疗中被广泛使用，具有活血化瘀、清心除烦的功效。

一 形态特征

根部：根肥厚，呈长圆柱形或类圆形，外皮朱红色，内部白色或淡黄色，肉质。

茎部：茎高 40~80cm，四棱形，上部分枝，茎部有细纵纹，被短柔毛。

叶片：叶对生，常为奇数羽状复叶，小叶 3~7 片，卵形或椭圆状卵形，边缘具锯齿，叶片两面均被毛，叶柄较长。

花序：轮伞花序顶生或腋生，花序轴上密生短柔毛；花萼钟形，通常带紫色，5 裂；花冠紫蓝色，二唇形，上唇直立，下唇开展，花柱伸出花冠外，小坚果黑色，椭圆形。

二 生长习性

气候：丹参喜欢气候温和、湿润、光照充足的环境，最适宜的年平均气温在 17.1℃左右，平均相对湿度 77%。

土壤：土壤要求为深厚、肥沃、排水良好、中等肥力的砂质壤土或壤土。土壤酸碱度以接近中性为佳，过砂或过黏都不利于丹参生长。

耐寒耐热：丹参地下根部能耐寒，可露天越冬，但茎叶在气温达到 -5℃时易受冻害；幼苗期遇到高温干旱天气，生长容易停滞甚至死亡。

三 栽培技术

1.选地与整地

选地：丹参偏好土层深厚、质地疏松的砂质土，忌连作，不适宜黏土和盐碱地。秋季收获后整地，施足基肥。

整地：每亩施农家肥 3 000kg，深耕后耙平，做成 1.3m 宽的畦，南方或平原地区适合做高畦以利排水。

2.繁殖方法

分根繁殖：秋季收获时预留部分根茎，次年 2—3 月起挖。选取健壮根段，剪成

5cm 长，按 25cm×30cm 开穴，斜插，覆土 3cm，每亩用种根 50～60kg。

扦插繁殖：4—5 月取茎段剪成 10cm，插土 1/3～1/2，保湿遮阴，待根长 3cm 时移栽。

种子繁殖：当年秋播，每亩用种 1kg。

3.田间管理

中耕除草：出苗时检查盖土情况，3—4 月首次中耕，之后分别于 6 月和 7—8 月进行，封垄后停止。

追肥：结合中耕进行，初期侧重氮肥，后期配施磷、钾肥，最后一次追肥应加大施肥用量，促进根部生长。

排灌：出苗期保持土壤湿润，雨季注意排水。

4.病虫害防治

叶斑病：喷波尔多液预防，加强管理，轮作，冬季清理病残体，保持排水。

银纹夜蛾：幼龄期喷敌百虫液，每周一次，连续 2～3 次。

四　采收加工

采收：丹参一般在秋季地上部分枯萎后，即 10—11 月，根部养分积累最多的时候采收。

初加工：采收后，将根部清洗干净，去除地上茎叶和须根，进行切割，然后晒干或烘干。

炮制：干燥后的丹参根部可以进一步按照中药炮制规范进行加工，如切片、炒制等，以提高药效或便于储存和使用。

贮存：应置于阴凉干燥处，避免潮湿、霉变和虫蛀，确保药材的质量。

芍药

芍药是芍药科芍药属的多年生草本植物，以其花朵大而美丽和根部可入药而闻名。

一　形态特征

根部：芍药拥有粗壮的块根，形状为圆柱形或纺锤形，外表皮呈黄褐色或灰褐色，有纵皱纹和横长皮孔，内部呈黄白色，质地坚实，是重要的药用部位，也是芍药生命力的储备库。

茎叶：芍药的茎直立，高度可达1m左右，茎秆粗壮，基部木质化。叶片为大型二回三出羽状复叶，叶片翠绿，叶面光滑，叶边具锐锯齿。

花朵：芍药花大而美丽，单生于茎顶或近顶叶腋处，花型丰富，有单瓣和重瓣之分，花径可达10~20cm，花色多样，包括白色、粉色、红色、紫色、黑色及混合色等，花期集中在5—6月。

果实：芍药的果实为蓇葖果，成熟时沿腹缝线开裂，每个蓇葖果内含数颗种子，种子呈圆形或椭圆形，表面光滑。

二 生长习性

气候条件：芍药喜欢温暖、凉爽的气候，耐寒性强，能适应较宽泛的温度范围，既可以承受冬季的低温，也能在夏季凉爽气候下生长良好，但不耐热，夏天气温过高时生长会受到影响。

光照要求：芍药为长日照植物，生长期需要充足的光照，但在炎炎夏日，需要适当的遮阴以防烈日灼伤。

土壤条件：喜欢疏松、肥沃、排水良好的砂质壤土或微酸性土壤，土壤深厚对根部发育有利，不耐盐碱，也不适合在低洼积水地种植。

三 栽培技术

1.选地与整地

土壤要求：排水良好、通风向阳、土层深厚且肥沃。

整地操作：深耕30~40cm，施基肥（厩肥或堆肥2 500~4 000kg/亩），做成宽1.3~2.3m的高畦，确保排水，避免连作。

2.繁殖方法

分根繁殖：8—10月进行，选取健壮芽头分割，每块保留2~4个芽，随即种植或短期保存后种植，株行距50cm×30cm，每穴1~2个芽头，覆土5cm左右。

种子繁殖：适用于单瓣芍药，8月上中旬采种后立即播种或湿沙保存至9月中下旬播种，苗期2~3年后定植。

3.田间管理

水肥管理：保持土壤湿润，但不能积水，雨季要注意排水。每年春季新芽萌发前后和花蕾期追施速效肥，以保证生长和开花所需的养分。

光照调整：春、秋季给予充足的阳光照射，夏季适当遮阴，防止高温和强光伤害。

中耕除草：定期进行中耕，保持田间清洁，减少杂草竞争。

4.病虫害防治

注意防治芍药常见的病虫害，如叶斑病、根腐病、蚜虫等。

四 采收加工

根部采收：一般在秋季地上部分枯萎后，即9—10月进行根部采收，此时根部积累了丰富的有效成分。

初加工：挖出根部后清理掉泥土，切除地上茎叶，根据根的大小和质量进行分类。

干燥与贮存：将根部摊开晾晒，或在通风良好、阴凉干燥处自然风干，也可以借助烘房进行低温烘干，至根部质地坚硬、断面呈黄白色时为止。

炮制加工：干燥后的根部按照传统中药炮制方法进行加工，如刮皮、切片、蒸煮、炒制等，最终得到可供药用的芍药制品。

花期管理与鲜花采收：对于观赏用芍药，花蕾显色时即可摘除过多花蕾以集中养分，花朵开放后可根据需要进行切花采收，注意采收后尽快插瓶，延长观赏期。

贝母

贝母是百合科贝母属的多年生草本植物，以地下鳞茎入药，具有清热化痰、润肺止咳的功效。

一 形态特征

根茎：贝母的根状茎短小，上面着生有鳞茎，鳞茎由多层鳞片组成，外部包裹一层薄膜，形状通常为椭圆形或圆锥形，表面颜色从黄白色到黄褐色不等，内部含有丰富的营养物质。

茎叶：贝母的茎直立，有时会有分枝，茎上覆盖短毛或者光滑无毛，叶子多为基生，有的种类也有茎生叶，叶片通常为对生、轮生或散生，形状变化较大，有椭圆形、披针形等，边缘有时卷曲。

花朵：贝母的花较大或略小，通常为钟形或杯状，颜色多样，包括白色、黄色、紫色等，花序类型包括总状花序、伞形花序等，花萼与花瓣通常有明显的区别，花药通常伸出花冠之外，柱头通常为3裂。

果实与种子：贝母的果实为蒴果，成熟时开裂，释放出扁平、有翅或无翅的种子

二 生长习性

气候条件：喜凉爽湿润的气候，对光照需求适中，耐寒性强，不耐高温和强光直射，夏季高温期可能会进入休眠状态。

土壤要求：适宜排水好、土层深厚、含腐殖质的沙壤土，土壤酸碱度以中性为宜。

三 栽培技术

1.选地与整地

选择海拔较高、排水良好的地块，施入腐熟有机肥料改良土壤结构，整地作畦。

2.繁殖方法

贝母主要采用鳞茎繁殖，播种前对鳞茎进行消毒和预处理，根据品种特性和种植计划安排适宜的播种时间和密度。

3.田间管理

水分管理：保持土壤湿润，但不宜积水，以免引起鳞茎腐烂。

施肥：根据生长周期，合理施用有机肥和化肥，特别注重磷、钾肥的施用，以促进鳞茎的发育。

除草与遮阴：定期进行除草工作，保持田间整洁；有些种类的贝母还需要适当的遮阴措施，避免强烈阳光直射。

4.病虫害防治

加强监测，及时防治可能出现的病虫害问题。

四 采收加工

采收：贝母通常在生长3~4年后，秋季地上部分枯萎时采收地下鳞茎，一般是在9—10月进行。

初步处理：采收后的鳞茎要及时清洗干净，除去附着的土壤和其他杂物。

干燥与加工：将清洗过的鳞茎放在通风的地方自然晾干，或者在适宜温度下进行低温烘干，直到鳞茎体干燥、硬实，便于存储和运输。

分级与储藏：干燥后的鳞茎按照大小、质量进行分级，然后放入干燥、阴凉、通风的环境中储存，避免受潮、发霉。

炮制加工：根据不同需求，贝母需要经过煮、蒸、炒等炮制过程，提高药效或改善口感。例如，川贝母常用炖制、蒸制等炮制方法，制成的产品可用于中药饮片或制剂。

第三章

种子及果实类中药材栽培

因地制宜
种植课堂
市场动向
电子书籍

“码上”查看

山茱萸

山茱萸为山茱萸科植物，又名萸肉、山萸肉、药枣、枣皮，具补肝益肾、涩精止汗之功能。主产于河南、陕西、浙江、山西等地。

一 形态特征

根茎：根系发达，主根粗壮，支根较多。

枝叶：树皮灰褐色，小枝细圆柱形且无毛。叶对生，纸质，卵状披针形或卵状椭圆形，叶面绿色，叶背浅绿色，叶柄细圆柱形，有浅沟。

花序与花朵：伞形花序生于枝侧，总苞片呈卵形，带紫色；总花梗粗壮，微被灰色短柔毛；花小，两性，先叶开放，花萼阔三角形，无毛；花瓣舌状披针形，黄色，向外反卷；雄蕊与花瓣互生，花丝钻形，花药椭圆形。

果实：核果长椭圆形，成熟时变为红色至紫红色，核骨质，狭椭圆形，有几条不整齐的肋纹。果实俗称为“萸肉”或“枣皮”。

二 生长习性

生态适应性：山茱萸为暖温带喜光树种，喜欢温暖湿润、阳光充足的环境，生长适温为20~30℃，不耐高温，超过35℃生长状况不佳，但具有一定的耐寒性。

三 栽培技术

1.选地整地

选地：选择土层深厚、疏松肥沃、排水良好的呈微酸性的腐殖质土或壤土为佳。

整地：深翻细耙，每亩施有机肥3 000kg，整平后做成1.5m宽的畦。

2.繁殖方法

种子繁殖：秋季将去除果肉的新鲜种子与湿沙混匀，至翌年种子萌芽时，即可播种。采用条播，按行距20~30cm，沟深3~5cm，播后覆土2~3cm，加盖草，保持畦面湿润。1~2年后植于准备好的地块。选阴天带土移栽，并及时浇水。

扦插繁殖：选带顶芽的一年生嫩枝，于15~20cm处剪下，上部留3~4枚叶，下部切成斜口，插入20~25℃的苗床内。保持较高湿度，或上部适当搭棚遮阴。

压条繁殖：于秋后或春季萌芽前，将近地面的一至二年生枝条弯曲，并在近主干处割伤皮部，将枝条埋入土中，固定压紧，枝条先端露出地面。

3.田间管理

中耕除草：苗株定植成活后至封行前，每年于春、夏、秋季各松土除草1次，以促进根系生长，迅速扩大树冠。

追肥：每年春、秋季各施基肥1次，视树龄大小，每株施腐熟的厩肥或堆肥10~50kg，以及过磷酸钙1~3kg，于树旁开环状沟施入。成年结果树还应在落果期，每株追施0.2kg尿素1次。盛花期喷赤霉素水溶液2次，盛花期和幼果期叶面喷施0.2%硼酸3~4次，0.3%尿素和0.2%磷酸二氢钾交替喷施3~4次，可提高坐果率，防止落花、落果。

灌溉：定植后的当年或成年树在花期、幼果期以及夏季遇干旱时，要及时进行灌水保苗和防止干旱引起的落花、落果现象。

修剪：较适宜的树形是自然圆头形，如密植则应采用自由纺锤形。修剪除了拉枝、环剥、摘心外，主要做好串花枝的回缩，促长枝的重截和疏除。进入盛果期后，还要搞好过密大枝的疏除及徒长枝的摘心。

4.病虫害防治

灰色膏药病：多发生在20年以上的老树树干和枝条上，通风不良的潮湿地带或树势衰老时，发病尤重。培育实生苗，砍去有病老树；对轻度感染的树干，用刀刮去菌丝膜，涂上石灰乳或5波美度的石硫合剂；5—6月发病初期用1:1:100波尔多液喷施。

大蓑蛾：6—8月多发，以幼虫危害叶片，10~20年树龄的树较易发生。人工捕杀，即于冬季落叶后，摘取挂在枝上的蠹虫并杀灭；放养蓑蛾瘤姬蜂等天敌；发生期喷施90%敌百虫800倍液喷雾。

四 采收加工

果实采收：山茱萸的果实在9—10月份成熟时采收，选择晴天摘取成熟的红色或紫红色果实。

初加工：果实采收后应及时进行干燥处理，可通过自然晾晒或烘干设施降低水分至适宜储存的程度。

深加工：干燥后的果实需进一步加工，如去除果核，将果肉晒干或烘焙至规定硬度和颜色，成为中药材“萸肉”，用于药用或食用。

马钱子

马钱子是一种常绿乔木，具有通络止痛、散结消肿之功能。主产于海南、广东、广西、云南等地。

一 形态特征

植株形态：植株高度可达 13m，树皮呈灰色，有皮孔。幼枝青绿色，两侧腋芽发育成对称的枝条，顶芽则发育成粗壮的刺。

叶片特征：单叶对生，阔卵形，叶片全缘，两面光滑无毛，叶柄存在。

花与果：聚伞花序顶生，浆果球形，幼果时绿色，成熟时转为橙色或棕红色，表面光滑。

二 生长习性

温度要求：马钱子喜欢热带气候，怕霜冻，最适宜的月平均温度为 20～28℃，低于 2℃的极端低温会导致嫩枝受冻干枯。

水分条件：马钱子耐旱，不耐水浸，适宜在年降雨量 1 700mm 左右、排水良好的环境中生长。

三 栽培技术

1.选地整地

选地：宜选择河边冲积土、丘陵地的黄红壤土、石灰质壤土或微酸性黏壤土。

整地：定植前 1～2 个月挖穴，穴的规格为 50cm×50cm×40cm。经风化后，每穴施土杂肥 10～15kg、过磷酸钙 0.25kg，与表土混匀填穴。

2.繁殖

种子繁殖：播种前将种子浸水 2 天，取出置于阴凉处，胚根露出白色芽点时可取出播种；在畦上按株行距（10～15）cm×40cm 开穴点播，每穴放种子 1 粒，胚根向下，覆 1.5～2.0cm 疏松的火烧土或细河沙盖种。夏季播种后 10～20 天出苗，冬季播种后 40 天左右出苗。经苗圃培育 1 年后，苗高 60cm 以上时可出圃定植。

芽接繁殖：选择根系发达、抗逆性强的一年生实生苗作砧木。在实生苗离地10cm处，选光滑的一面用芽接刀切成鸭舌形的接口，削取略小于接口的芽片，剥去木质部，然后剥开砧木接口的皮部，将芽片迅速贴上，用宽约1.5cm的塑料薄膜带由下向上一环压一环的绑紧。

3.田间管理

淋水：幼苗出土时幼芽呈淡红色，种皮常在8~10天后脱下，然后才露出子叶。如果播种过浅，幼茎常常把种皮带出土面，遇烈日照晒时种皮干缩，子叶不易脱出而枯死。故播种后遇干旱要及时淋水，土面必须保持湿润，不板结，以利种子破土出苗，否则出苗不整齐或闷死在土中。

淋水补苗：定植后天气干旱要淋水，以助苗木迅速恢复长势，发现缺苗要及时补齐。

间作：马钱子生育期长达几十年，前期冠幅小，林下行间通风透光良好，可适当间种木薯、高良姜等旱粮或药材，给植株创造一个定温、湿度，适合前期生长的环境。

施肥：在3—4月，老叶骤然在数天内全部脱落，在幼叶、新梢和花芽抽出前，给每株幼树施20%浓度的稀尿水5~10kg，大树施10~15kg，沿树冠外缘开沟施下。在8—9月结果期，每株施2.5~5.0g硫酸铵或过磷酸钙或火烧土。

修剪：结合整形进行修剪，剪除过密的侧枝、弱枝和主干下部的侧枝。

4.病虫害防治

叶斑病：该病危害叶片。防治方法为用1:1:100波尔多液喷洒，每10天1次，连续2~3次。

夜蛾、天蛾：以幼虫危害嫩叶，花期更严重。清园，清除田间枯枝落叶并烧毁，以杀死其中虫蛹；幼龄期用90%敌百虫800倍液喷雾或5%甲萘威喷粉防治。

象鼻虫：成虫吃嫩叶，造成叶片缺刻。利用成虫假死性进行人工捕捉。

大头蟋蟀：幼苗期咬断植株茎基部。用米糠、糖、敌百虫调成饵料诱杀。

四 采收加工

采收：马钱子的果实一般在9—10月成熟时采摘，取出种子，洗净果肉。

初加工：种子洗净晒干后，采用砂烫的方式去毛，即将种子与砂粒一同加热，使得种子表面的毛被烧焦脱落。

炮制：将经过砂烫处理的马钱子种子进一步研磨成粉，或进行其他中药炮制工艺，如炒制等，以便于使用和提高药效。

储藏：加工后的马钱子产品需妥善存放于干燥、阴凉处，避免受潮、霉变。

五味子

五味子为木兰科植物，具有益气敛肺、滋肾温精、生津止渴之功效。主产于吉林、辽宁、黑龙江、河北等地。

一 形态特征

植株形态：落叶木质藤本植物，茎枝有棱，有柔毛，尤其是幼枝和幼叶下面有毛，老时逐渐脱落，茎可长达 8~10m，攀缘能力强，能在树干或其他支撑物上缠绕生长。

叶片特征：叶片为膜质，形状多样，常见有宽椭圆形、卵形、倒卵形、宽倒卵形或近圆形，叶面光滑，叶柄长 2~3cm。

花朵特点：花期在 5—7 月，花序为伞状，花朵较小，花色为粉白或粉红色，有时呈现黄白色或绿色，花瓣长圆形或椭圆状长圆形，花有香气。

果实特点：果实为红色的小浆果，呈球形或倒卵圆形，成熟时变为暗红色或紫红色，个别品种成熟时可能为黄色，表面有不明显腺点，内含 1~2 粒种子，五味俱全。

二 生长习性

生态环境：五味子偏好阴凉湿润的气候环境，耐寒性强，不耐水浸，尤其幼苗期需要适度荫蔽，避免烈日暴晒。

土壤要求：喜欢疏松、肥沃、富含腐殖质且排水良好的微酸性土壤，野生状态下常见于沟谷、溪旁、山坡等地。

三 栽培技术

1.选地整地

选地：选择土壤肥沃、质地疏松、排水良好的砂质壤土，深翻细耙，施足基肥。

整地：翻地深度为 25~30cm，每亩施厩肥 4 000~5 000kg，于播前作畦，畦高 20cm，畦宽 1.0~1.3m，畦长视地形而定。

2.繁殖方法

种子处理：于土壤结冻前将选作种子的果实用清水浸泡搓去果肉，去除空秕粒，用清水浸泡 5~7 天，使种子充分吸水，每隔 2 天换水，捞出后与种子量 2~3 倍的细湿沙混匀放地窖中沙藏，翌年 5—6 月裂口即可播种，也可在室内拌湿沙贮存于木箱里催芽。在沙藏前用 250ml / L 赤霉素溶液或 1% 的硫酸铜水溶液浸种 24 小时，可使沙藏时间缩短 3 个月左右。

播种：以春播为宜，在畦面横向开沟，行距 15cm，沟深 5cm，将种子均匀撒于沟中，覆土 2.0~2.5cm，适当镇压，之后薄薄覆盖一层草，再用绳子固定，以保持土壤水分，一般每亩播种量为 5kg 左右。

移栽：一般在 4 月下旬至 5 月上旬移栽，行株距 120cm×50cm；为使行株距均匀，也可拉绳穴播，在穴的位置上做一标志，然后挖成深 30~35cm、直径 30cm 的穴，每穴栽 1 株，栽时使根系舒展，栽后踏实，灌足水分。

3.田间管理

苗田管理：苗期注意遮阳，搭简易遮阳棚。幼苗期对水分要求很严格，保持土壤湿润。当幼苗抽出 3~4 枚真叶时可以间苗，并结合间苗每亩追施尿素 10kg。

灌水施肥：五味子根系较浅，不耐干旱。养分不足影响开花结果率，5 月上旬追施尿素，每亩施 20kg，6 月末每亩追施过磷酸钙约 40kg，促进果实生长成熟。

剪枝：春剪在枝条萌发前，剪掉过密果枝和枯枝；夏剪宜剪掉基生枝、膛枝、重叠枝、病虫枝；秋剪在落叶后，主要剪掉基生枝。

搭架：移植后第 2 年即应搭架。每个主蔓处立一竹竿或木杆，然后引蔓上架。

4.病虫害防治

叶枯病：5 月下旬至 7 月上旬发病，危害叶片。发病初期可用 50% 硫菌灵 1 000 倍液和 3% 井冈霉素 50mg / L 溶液交替喷雾，次数视病情确定。

卷叶虫：因幼虫危害，造成卷叶。防治方法为人工捕杀，清园等。

四 采收加工

采收：五味子果实一般在秋季 7—10 月成熟时采收，当果实颜色变为紫红色或暗红色，充分发育并且软糯时为最佳采收期。

初步处理：采收后的五味子果实需要进行清洗，去除杂质和未成熟的果实。

干燥加工：清洗后的果实可以通过晒干或蒸汽杀青后晒干的方式进行干燥处理，以去除多余水分，保证果实品质。

后续加工：干燥后的五味子果实可以直接入药，也可以进一步加工，如研磨成粉或提取有效成分制成各种药物制剂。

爪哇白豆蔻(豆蔻)

爪哇白豆蔻为姜科植物爪哇白豆蔻,具有化湿消痞、行气温中、开胃消食的功效。主产于海南岛、云南西双版纳等地。

一 形态特征

植株整体:白豆蔻是一种多年生草本植物,植株高可达3m,具有强烈香味。

叶片:为椭圆形或披针形,两面都有明显的脉络,叶鞘包裹着茎秆。

花朵:花朵较大,花序为穗状花序,顶生,花白色,花瓣有独特的条纹装饰。

果实:果实为蒴果,成熟时为黄绿色,内含许多具有香味的种子,这些种子就是我们常说的白豆蔻。

二 生长习性

生态环境:喜欢热带湿润气候,对土壤的要求是疏松、肥沃、排水良好的酸性或微酸性土壤。

光照需求:白豆蔻需要充足的阳光,但也能忍受一定程度的半阴环境。

水分条件:生长过程中,白豆蔻对水分需求较高,既不耐旱又忌积水。

三 栽培技术

1.选地整地

选地:选择阳光充足、排水良好的地块,腐殖质丰富的砂质壤土。

整地:翻耕土壤,施足基肥,清除草根、石块、细碎土块后施腐熟牛栏粪或堆肥作基肥,畦宽0.8~1.0m,沟宽40cm。开穴规格为50cm×50cm×30cm。

2.繁殖方法

种子繁殖:随收随播种。播种前催芽,按行距10~15cm开沟条播,播种后覆土0.5cm,床面盖草。当幼苗出现2~3枚叶时,进行间苗或移床,促进叶片加速增加,至5~7枚叶时,植株开始分蘖,苗高30cm左右可出圃定植。定植株行距为1m×(1.5~2.0)m,每穴2~3株,不要栽得过深,以免影响发根。栽后压实,淋定根水。

分株繁殖：选择健壮高产的植株，剪取其根状茎，每一根茎上具有2~3个地上茎，随挖随种。

3.田间管理

遮阴：幼苗出土时将盖草轻轻拨开，搭设荫棚，以防烈日暴晒。

除草：定植后及时拔除杂草，收果后及时除去枯株、弱株、病残株。

追肥：定植初期和初出果后，应重施人粪尿或硫酸铵水溶液。进入开花结果期，应施氮、磷、钾肥，并配合施土杂肥、火烧土等。结果期用2%过磷酸钙水溶液作根外追肥，提高结果率。

灌溉排水：若花期遇干旱，要及时灌溉或喷洒，增加空气湿度。雨季要修好排水沟，以免积水引起烂根烂花。

调节荫蔽度：育苗阶段要求80%~85%荫蔽度，开花结果阶段则要求70%的荫蔽度，入冬时可增到80%。

人工授粉：爪哇白豆蔻花朵结构特殊，不易进行自花传粉或异花授粉，故需人工辅助授粉。用竹签挑起花粉，涂在漏斗状的柱头上即可，花粉多时挑1朵花的花粉可授2~3朵花。

4.病虫害防治

猝倒病：在高温多雨季节，苗圃湿度过大，通风不良，导致直立茎倒伏，最后整丛腐烂。可在播种前进行土壤消毒，出苗后用1:1:120波尔多液预防，每10天喷1次，并注意排水。

烂花烂果病：高温多雨季节危害花序基部、花朵和果实。选地势高燥的地块种植，并注意排水。

四 采收加工

果实采收：一般在秋末果实成熟时采收，表现为果皮由绿色转为黄绿色，且稍有开裂征兆。

干燥加工：采收后的果实需要晾晒或者在通风良好的环境下进行干燥，直到果实完全干燥，种子易于脱壳。

种子分离：干燥后轻轻敲打或揉搓果实，让种子从果壳中分离出来，然后去除杂质，得到纯净的豆蔻种子。

贮存或炮制：豆蔻种子可以在干燥条件下长时间保存，作为香料和药材使用前可能需要进一步炮制，如粉碎或炒制等处理，以提升风味和药效。

牛蒡子

牛蒡子是菊科牛蒡属植物牛蒡的果实，具有疏风散热、宣肺透疹、散结解毒等功能。主产于东北各省及河北、江苏、河南、山东等地，全国各地都有分布。

一 形态特征

果实：牛蒡子呈长倒卵形或椭圆形，长为5~7mm，宽为2~3mm，表面灰褐色，带紫黑色斑点，有数条纵棱，通常中间1~2条较为明显。

果皮：果皮质地较硬，内部包含2枚子叶，子叶淡黄白色，富油性。

植株整体：牛蒡为二年生草本植物，根粗壮，肉质，直根部分可达15cm长，直径约为2cm，有分支支根。茎直立，高可达2m，茎上有紫褐色纵条棱和疏毛，基生叶大形，叶片长卵形或广卵形，叶面为绿色至暗绿色，背面为灰白色或淡绿色，被绒毛覆盖。

二 生长习性

温度与光照：牛蒡喜欢温暖湿润的气候，耐寒，对光照要求较高，但在炎热夏季需要适度遮阴。

土壤与水分：牛蒡适应性强，对土壤要求不太严格，但以疏松、肥沃、排水良好的砂质壤土为佳，不能积水，否则容易引起根部病害。

生长周期：牛蒡是二年生植物，第一年主要生长营养器官，第二年开花结实。

三 栽培技术

1.选地整地

选地：牛蒡对土壤要求不太严格，但栽培时宜选土层深厚、疏松、排水良好的地块。

整地：深翻30~40cm，耙细整平，每亩施农家肥2 000~3 000kg，做成宽1.0~1.5m的畦。

2.繁殖方法

种子繁殖：以直播为主。在整好的畦上按50~80cm距离开浅沟进行条播，或按

80cm株距穴播，每穴点入种子5~6粒。播种前将种子放入30~40℃的温水中浸泡24小时，有利出苗，播后覆土3~5cm，稍加镇压后浇水，1天左右可以出苗。每亩用种1.5kg。

3.田间管理

松土除草：幼苗期或第2年春季返青后要进行松土，同时前期要特别注意除草，后期叶片较大时停止中耕。

间苗定苗：当苗长至4~5枚真叶时，按株距20cm间苗，如有缺苗处，可将间下的苗带土移栽；苗具6枚叶时，按株距40cm定苗，穴播者每穴留1~2株。

追肥：第2年基生叶铺开时，不再进行除草，但要追肥2~3次，每亩施人粪尿2 000kg。植株开始抽茎后，每亩追施磷酸氢二铵10kg或过磷酸钙10kg，促使分枝增多和籽粒饱满。施后要及时浇水，雨季要注意排水。

4.病虫害防治

叶斑病：多发生于6月。发病初期喷洒灭菌剂，每隔7天喷1次，连喷3~4次，直到达到防治目的为止。

白粉病：6、7月阴雨天多发，危害叶片。发病初期喷洒50%甲基硫菌灵1 000倍液；清园，处理病残株。

根腐病：应合理选地和排水防涝。发病时用灭菌剂灌根。

斜纹夜蛾：幼虫咬食叶片。幼龄期用90%敌百虫800倍液喷雾防治。

蚜虫：牛蒡终生都有蚜虫危害，严重时可造成绝产。用吡虫啉喷雾防治。

四 采收加工

果实采收：牛蒡子通常在次年的春夏季，当果实黄里透黑时，即种子成熟时进行采收，剪下果枝。

干燥处理：将采下的果枝摊开在通风良好处晾晒，充分干燥后，用木板轻拍或振动使果实脱落，再经过筛选清除杂质。

储存：清理干净的牛蒡子晒至全干后，妥善密封储存，以防受潮发霉。

根部采收：牛蒡根可在秋季或早春植株休眠时挖掘，挖出后洗净，刮去表皮，即可鲜食或晒干作为药材使用。

王不留行

王不留行属于石竹科植物，具有活血通经、消肿止痛的功效。主产于河北、山西、山东等地，全国各地都有分布。

一 形态特征

植株高度：王不留行为一年生或二年生草本植物，植株高度为30~70cm。

茎叶特征：茎直立，呈圆柱形，上部叉状分枝，节部略显膨胀。叶对生，形状多为卵状披针形或卵状椭圆形，叶色为粉绿色，基部稍连合，围绕茎秆。

花朵特征：聚伞花序顶生，花梗细长；萼筒具5条显著的绿色宽脉，并有5个棱角；花瓣通常为5枚，呈淡红色，形状为倒卵形。

果实特征：蒴果呈卵形，成熟时四裂，裂片包于宿存的萼筒内，种子数量众多，形状为球形，颜色为黑色。

二 生长习性

生态环境：王不留行适应性较强，能在多种土壤条件下生长，尤其在农田边、荒地、路旁等处常见。

温度水分：对气候有一定的要求，喜欢温暖湿润的环境，能耐一定程度的干旱，但也需要充足的水分才能正常生长发育。

花果期：花期通常在每年的4—5月，果期则在5—6月。

三 栽培技术

1.选地整地

选地：宜选山地缓坡或排水良好的平地种植，土质以砂质壤土和黏壤土为好。

整地：结合冬耕，每亩施3 000kg农家肥作基肥，同时配施30~40kg过磷酸钙。整细耙平，做成宽1.2m的畦。

2.繁殖方法

用种子繁殖：冬播或春播，冬播在封冻前，春播在解冻后。选色泽深黑、饱满的种子，在畦上按行距 30cm 进行条播。播后覆土 1cm，稍加镇压，浇水，一般 15 天左右即可出苗。每亩用种 1kg。

3.田间管理

间苗补苗：在 11 月下旬至 12 月上旬，苗高 5cm 左右且具 4~6 枚真叶时，按株距 5~6cm 间苗；到翌年 2 月中旬幼苗长至 6~8 枚真叶时，按株距 10~12cm 定苗。如要补苗，应带土移栽，并随后浇水。

追肥：王不留行生长期较短，故主要以施足基肥为主，追肥主要在 4 月上旬植株开始现蕾时进行，肥种以磷、钾肥为主。每亩可施饼肥 30~40kg，施后要立即浇水；也可用 0.3% 磷酸二氢钾溶液叶面喷施，间隔 10 天左右 1 次，连续 3~4 次，以促进果实饱满。

中耕除草：除草应在晴天露水干后进行，时间以在孕蕾前进行为好，生长后期不宜除草，以免损伤花蕾。雨季注意排水。

4.病虫害防治

黑斑病：4 月始发，危害叶片。防治方法为清园，烧毁病枝病叶；防止积水，降低田间湿度等。

红蜘蛛：5—6 月发生，危害叶片。防治方法为清洁田园，忌与棉花轮作或邻作。

四 采收加工

种子采收：在果实成熟时，即蒴果由绿转黄、种子变为坚硬黑色时进行采收，通常是在 6 月到 7 月初。

干燥加工：采收后把蒴果晒干，蒴果开裂后，轻轻搓动或摇晃使种子脱离果壳。

清选储存：将收集起来的种子通过筛网进行筛选，去除杂质和破碎的种子，然后置于通风干燥处保存，防止潮湿导致种子发霉或发芽。

栝楼

栝楼属于葫芦科栝楼属，具有润燥滑肠、清热化痰之功效。主产于山东、河南、江苏等地，全国大部分地区均有栽培。

一 形态特征

根状茎：栝楼具有肥厚的根状茎，呈圆柱状，表面淡灰黄色，有许多横形瘤状突起。

地上茎：地上茎为攀援草质藤本，茎蔓多分枝，无毛，腋生有带分枝的卷须。

叶片：叶片纸质，形状变化较大，多为近圆形或心形，边缘有疏齿或缺刻状，叶柄粗壮，叶片背面淡绿色，具颗粒状突起，主脉和侧脉明显。

花：栝楼花为单性异株，花托筒状，花萼裂片披针形，花冠白色，顶端细线状，花期在5—8月。

果实：栝楼的果实接近球形，成熟时为橙红色，内含扁平形种子，果期在9—11月。

二 生长习性

生态环境：栝楼喜欢温暖、潮湿的环境，有一定的耐寒能力，适合在海拔200~1 800m的山坡林下、灌丛中、草地以及村旁田边等地生长。

土壤要求：栝楼为深根性植物，根系发达，能深入地下100~150cm，喜欢土层深厚、肥沃、排水良好的砂质壤土。

三 栽培技术

1.选地整地

选地：栝楼为深根性植物，应选择土层深厚、疏松肥沃的向阳地块，土质以壤土或沙壤土为好。可在房前屋后、沟边等地种植，盐碱地及易积水的洼地不宜栽培。

整地：每亩施腐熟厩肥3 000kg作基肥，配施过磷酸钙20kg耕翻入土。深翻后耙细磨平，四周应开好排水沟。

2.繁殖方法

种子繁殖：选取橙黄色、壮实、短柄果实的种子。将种子用40~50℃温水浸泡24小时，用湿沙混匀催芽。当大部分种子裂口时即可按株距30~40cm、行距60cm，挖5~6cm深的穴，每穴播种子3~5粒，覆土3~4cm，保持土壤湿润即可出苗。

分根繁殖：北方在3—4月，南方在10月下旬至12月下旬，选择无病虫害根，直径3~5cm长的小段，按株距30cm、行距1.5~2.0m穴播，穴深10~12cm，每穴放1段种根，覆土4~5cm，用手压实，再培土10~15cm，以利保墒。

3.田间管理

中耕除草：每年春、冬季各进行1次中耕除草，视杂草滋生情况及时除草。

追肥灌水：结合中耕除草进行，追施人畜粪水。冬季应增施过磷酸钙与有机肥，促使来年健壮生长。旱时应及时浇水，保持土壤湿润。

搭架：当茎蔓长至30cm时，用竹竿等作支柱搭架，棚架高1.5m左右，或引向附近树木、沟坡或间作高秆作物。去掉多余的茎蔓，每棵只保留壮蔓2~3条。

修枝打杈：在搭架引蔓的同时，去掉多余的茎蔓，每株只留壮蔓2~3个。当主蔓长到4~5m时，摘去顶芽，促其多生侧枝。上架的茎蔓应及时整理，使其分布均匀。

人工授粉：栝楼自然结实率较低，应采用人工授粉。多种植雌株，适当搭配雄株。

4.病虫害防治

斑枯病：受害叶上产生大小不一的病斑，初期病斑呈褐色至灰白色小点，扩大后受叶脉所限呈多角形或不规则形状，严重时可引起整个叶片枯死。发病初期喷1:1:200波尔多液或50%代森锰锌600倍液等药剂，7~10天喷1次，连续2~3次。

蚜虫：幼苗受害后叶卷缩，中部叶片呈现油光，后叶片枯黄脱落，植株生长衰弱。以卵在寄主枝条或杂草根部越冬。早春在越冬寄主上喷洒40%乐果800倍液，消灭越冬蚜虫。点片发生阶段选用10%吡虫啉可湿性粉剂1 500~2 000倍液喷雾。

四 采收加工

果实采收：栝楼的果实应在秋季成熟时采收，此时果实颜色鲜艳，通常为橙红色。

种子采集：采收时连同果梗一起剪下，放置在通风阴凉处晾干，果实自然开裂后，取出种子。

干燥与存储：栝楼种子需彻底干燥后贮存，以防止霉变和虫蛀。栝楼的根部是重要的中药材，一般在冬季或早春采挖，洗净泥土后干燥加工。

决明子

决明子来源于豆科植物决明的种子，具有清肝、明目、通便之功效。主产于江苏、安徽、四川等地，目前全国各地多有栽培。

一 形态特征

植物整体：一年生亚灌木状草本植物，高度可达到2m，直立且粗壮。

叶片：叶柄上无腺体，小叶通常为倒卵形或倒卵状长椭圆形，膜质，叶端圆钝而有小尖头，上面被稀疏柔毛，下面被柔毛较多。

花序：花腋生，常2朵聚生，花萼片稍不等大，形状为卵形或卵状长圆形，膜质，花瓣黄色。

果实：荚果纤细，近四棱形，种子菱形，光亮。

二 生长习性

气候：决明子喜高温湿润气候，高温多雨季节生长最快，不耐寒。

光照：决明子是喜光植物，阳光充足的环境对其生长有利。

土壤：对土壤要求不严，壤土、黏土、腐殖土均可种植，最适宜的是肥沃疏松的砂质壤土。

三 栽培技术

1.选地整地

选地：宜选排灌条件较好的平地或向阳坡地种植，忌连作。

整地：每亩施农家肥2 000kg，配施过磷酸钙60kg作基肥。深翻，整细耙平，做成宽1.3m的平畦。

2.繁殖方法

种子繁殖：于4月中、下旬，用50℃温水浸泡24小时，按行距60cm开沟条播，沟深5～7cm。播种后覆土3cm，稍加镇压，浇水，每亩用种2kg。

3.田间管理

间苗定苗：苗高5cm时间苗。苗高15cm时，结合中耕除草按株距30~40cm定苗。

中耕除草：出苗后至封行前应经常除草、浇水。雨后土壤板结要及时中耕，并注意株间浅锄，行间深锄。苗高40cm左右时进行最后1次中耕，并培土，可防倒伏。

追肥：封行前结合培土追肥1~2次，每亩施农家肥1 000kg，配施15kg尿素，施后立即浇水。

排灌：整个生长期都应经常保持土壤湿润，尤其是花期干旱时应及时浇水，雨季注意排水。

4.病虫害防治

灰斑病：5—7月多发，危害叶片。防治方法为清洁田园，处理病残株。

轮纹病：危害茎、叶、果荚。防治方法同上。

蚜虫：苗期危害严重。可用吡虫啉喷雾防治。

四 采收加工

种子采收：决明子在8—11月进入成熟期，当荚果变为棕色且开始干裂时即可采收。

干燥处理：采收后的荚果放在通风处晾晒，待荚果完全干燥后自然开裂，然后将种子抖落出来，进一步晒干至种子含水量降低到安全水平。

加工储存：对干燥的决明子种子进行精选，去除杂质，储存于干燥、通风、避光处，以备药用或商用。

砂仁

砂仁属于姜科砂仁属的多年生草本植物，在中医药领域和烹饪调料中均有广泛应用，分布于广东、福建、广西、云南等地。

一 形态特征

根茎：砂仁具有匍匐的根茎，能够蔓延生长。

叶子：长披针形，两面无毛，革质或纸质。

花序：花序为穗状花序，苞片披针形，花萼白色，基部偶有稀疏柔毛，花冠也为白色，唇瓣呈圆匙形，子房附有白色柔毛。

果实：砂仁的果实为椭圆形，外表覆有柔刺，成熟时呈紫红色。

二 生长习性

温度：喜热带和南亚热带温暖湿润气候，生长适温为 22～28℃，不耐寒冷。

湿度：需要高湿度环境，年降水量应在 1 000mm 以上，空气相对湿度在 80% 以上，开花授粉期对湿度要求更高。

光照：适合在半阴半阳环境中生长，喜漫射光，过于强烈的阳光直射不利于其生长。

土壤：喜欢上层深厚、疏松、排水良好且保水保肥能力强的壤土或沙壤土，不适合在黏土或纯沙土中栽种。

三 栽培技术

1.选地整地

选地：育苗地宜选择背北向南、通风透光、土壤湿润、排灌方便、荫蔽条件良好的山坑两旁新垦地，土质以疏松肥沃的砂质壤土为好。

整地：播种前翻耕，细致整地，每亩施过磷酸钙 20～25kg，厩肥或土杂肥 1 250～1 500kg 作基肥。整平耙细作床，床宽 1m、高 15～20cm。

2.繁殖方法

种子繁殖：选择无病虫害的植株作采种母株。播种时按行距 13cm 开沟条播或在沟内按株距 5cm 点播，播后均匀地覆盖一薄层腐熟的干粪，以树叶遮阴。

分株繁殖：选择当年生植株，具 1～2 条带有鲜红色嫩芽的地下根茎、茎秆粗壮、具 5～10 枚叶的分株苗作繁殖用。春、秋两季均可种植，分株苗直接种植。种植前挖穴，穴的规格为 40cm×40cm×30cm。每穴栽 1 丛，栽后覆土压实。

3.田间管理

遮阴：幼苗怕阳光直射，荫蔽度以 80%～90% 为宜。待幼苗长出 7～8 枚叶时，荫蔽度应控制在 70% 左右。

除草：定植后 1～2 年，每年除草 2～3 次。第 3 年开始进入开花结果期，一般每年除草 1～2 次。

施肥培土：新种植株每年施肥 2～3 次，除堆肥、牛栏肥、火烧土、过磷酸钙，以及猪粪水沤制的肥料外，还要适当增施氮肥。开花结实后，以磷、钾肥为主，一般施沤制的火烧土、牛粪和过磷酸钙。秋季摘果后，用含有机质的表土、火烧土，均匀地撒在砂仁地，其厚度以盖没裸露的根状茎为宜，促进植株多分蘖，株粗芽壮，还可增强抵抗力，使植株安全过冬。

防旱排涝：新种植株要经常灌水或淋水，保持土壤湿润。如雨水过多，土壤过湿，则易造成烂果。

人工辅助授粉：阳春砂自然结果率很低，仅有 5% 左右，因此要在花期人工辅助授粉，以提高结果率。

4.病虫害防治

叶斑病：主要是叶片和叶鞘发病。收果后结合割苗清除病株并集中烧毁；保持适宜的荫蔽度；冬旱期要适时喷水，使植株生长健壮；发病初期用 50% 硫菌灵 1 000 倍液喷洒，每隔 10 天喷 1 次，至控制住病害为止。

黄潜蝇：被害的“幼笋”先端干枯，直至死亡。加强水肥管理，促进植株生长健壮，减少钻心虫危害；及时割除被害“幼笋”，集中烧毁。

四 采收加工

果实采收：砂仁的果实通常在 8—9 月成熟，此时果实颜色变为紫红，外皮上的刺已变软，可以进行采摘。

干燥处理：采摘下来的果实需要及时晾晒或低温干燥，去除水分，直至果实干燥坚实。

加工处理：干燥后的砂仁果实经过筛净杂质、分级后，可以作为中药材使用。有时为了方便运输和储藏，还会进一步进行破壳取籽和包装。

连翘

连翘属于木犀科连翘属的落叶灌木，具有清热解毒、消肿散结、排脓功能。主产于河北、山西、河南、陕西、湖北、四川等地。

一 形态特征

植株：株高可达 3m，枝干丛生，枝条细长且开展，呈拱形，节间中空，节部有斑点，皮孔多而显著。

叶片：单叶或 3 小叶对生，叶片形状为卵形或卵状椭圆形，长度 3 ~ 10cm，边缘有锯齿。

花朵：早春时节先叶开放，花色为鲜艳的黄色，花冠筒状，1～3朵生于叶腋，香气淡雅。

果实：果实成熟时为卵球形、卵状椭圆形或长椭圆形，表面疏生皮孔，先端喙状渐尖，果梗长为0.7～1.5cm。

二 生长习性

光照：喜光，但也具有一定耐阴性，光照充足条件下花量更丰富。

温度：耐寒性强，能够适应较低温度，适合在中国北方大部分地区生长。

水分：喜湿润，耐旱怕涝，适宜在排水良好的湿润土壤中种植。

土壤：对土壤要求不严，但在肥沃、疏松、排水良好的砂质壤土中生长最佳。

三 栽培技术

1.选地整地

选地：选择向阳、排水良好的地块，进行深翻，施入底肥，保持土壤疏松。

整地：秋季耕翻，耕深为20～25cm，每亩施圈肥2 000～2 500kg，然后耙细整平。直播地按株行距130cm×200cm挖穴，穴深与穴径为30～40cm；育苗地做成宽1m的平畦，长度视地形而定。

2.繁殖方法

种子繁殖：在已备好的穴坑中挖一小坑，深约3cm。选择成熟饱满、无病害的种子。每坑播5～10粒种子，覆土后稍压，使种子与土壤紧密结合。一般3～4年后开花结果。整平耙细的苗床，按行距20cm开1cm深的沟。将种子掺细沙均匀地撒入沟内，覆土后稍压，每亩用种子2kg。苗高5cm时进行定苗。苗高10cm时松土除草，每亩追施尿素10kg，随水施入，以促进幼苗生长。当年秋季或第2年春季萌动前，按株行距120cm×150cm、穴径30cm进行移栽，施杂肥5kg，与土混匀，每穴栽苗2～3株。

扦插育苗：于夏季阴雨天，将一至二年生的嫩枝中上部剪成30cm长的插条，在苗床上按5cm×30cm株行距，开20cm深的沟，斜摆在沟内，然后覆土压紧，保持畦床湿润，当年即可生根成活，第2年春季萌动前移栽。

3.田间管理

幼苗期管理：当苗高达到20cm时，进行除草松土和间苗。间苗时每穴留两株，确保幼苗有足够的生长空间。适时浇水，保持土壤湿润，有利于幼苗生长。

施肥促生长：当苗高达到30～40cm时，施稀粪尿水1次，为幼苗提供必要的营养，促进其生长。

整形修剪：当主干高度达到 70～80cm 时，剪去顶梢，以刺激侧枝的生长，培育成主枝。在主枝上选留 3～4 个壮枝培育成副主枝，并在副主枝上放出侧枝。通过整形修剪，形成低干矮冠、内空外圆、通风透光、小枝疏朗的树形，有利于提早结果。随时剪去细弱枝、徒长枝和病虫枝，保持树形的健康和美观。

结果期管理：在结果期，施农家肥和磷、钾肥，以促进果实的坐果和早熟。

4.病虫害防治

叶斑病：连翘常患叶斑病。病菌首先侵染叶缘，随着病情的发展逐步向叶中部发展，发病后期整个植株都会死亡。一定要注意经常修剪枝条，疏除冗杂枝和过密枝，使植株保持通风透光，也可以配制农药进行防治。

钻心虫：在钻心虫卵的盛孵期喷施 50% 敌敌畏乳油 1 500 倍液，每隔 5～7 天 1 次，连喷 2～3 次。

四　采收加工

采收时间：果实成熟时采收，一般在秋季，当果实由绿色转为黄褐色时。

加工：对采收后的果实进行清洗、晒干或烘干处理，干燥过程中要避免果实受潮发霉。

储存：干燥后的连翘果实应存放于干燥、通风、阴凉处，以防潮防虫。

枳壳

枳壳是芸香科柑橘属植物酸橙的干燥未成熟果实，具有理气宽中、行滞消胀的功效，常用于治疗胸胁气滞等。主产于江西、四川、湖北、贵州等地。

一　形态特征

果实：呈半球形，直径为 3～5cm，外果皮颜色为棕褐色至褐色，表面有颗粒状突起，突起点上有凹点状油室。果实切面中果皮黄白色，光滑且稍隆起，边缘有 1～2 列油室，瓤囊 7～12 瓣，内部种子干缩呈棕色至棕褐色。

叶片：叶子为椭圆形或卵状椭圆形，叶尖渐尖或急尖，基部为楔形或宽楔形，边缘具整齐锯齿。

花朵：花为白色，排列呈伞形花序，花序轴上着生许多小花。

二 生长习性

气候：喜温暖湿润的气候，耐寒性较弱，适合在亚热带和热带地区种植。

土壤：适宜于土层深厚、排水良好、富含有机质的沙壤土或壤土中生长。

光照：需要充足的光照，但也能适度耐阴。

三 栽培技术

1.选地整地

选地：水源方便、土层深厚、质地疏松肥沃、排水良好的壤土或沙壤土，以未培育过柑橘类苗木的土地为佳。

整地：施足基肥，每亩用腐熟有机肥 4 000kg，深翻 25~30cm，做成宽 1m 的畦。

2.繁殖方法

种子繁殖：冬播在当年采种后，春播在翌年 3 月。按行距 30cm、株距 3~6cm 条播，播后用肥土盖种再覆草，保持床土湿润。翌春待苗高 1m 左右时，再按行距 30~50cm、株距 25~30cm 移栽。

嫁接繁殖：嫁接用的砧木可用种子繁殖 2~3 年的幼株。嫁接时要求刀利、手稳、削口要平、嵌芽要准、包扎紧实。成活 1~2 年后，发育正常即可定植。

3.田间管理

中耕除草：幼树期每年至少进行 4 次中耕除草，冬季注意松土。

灌溉、施肥：定植初期应视气候情况进行浇水。成林后一般不须浇水，如干旱可在施肥时多加些水，雨季防田内积水。幼树宜结合中耕除草追肥，以氮肥为主，尤其在春、夏、秋季追肥可使新梢抽长。结果树追施肥，以人畜粪水为主，加入过磷酸钙和尿素，沿树开挖 25~30cm 深的环状沟施入塘泥、草木灰等杂肥，施后用土填平。

合理整枝：整枝方法随树龄不同而有所差异，幼树于定植后 3~4 年，树高 1.5m 时进行整枝，将离地 1m 以下小枝除去，使枝条伸向四方，呈圆形或塔形。成年树常在春节后整枝，主要剔除病枝及密生枝、下垂枝，结果老枝也可适当修剪。

4. 病虫害防治

疮痂病：危害叶、果和新梢幼嫩部分。防治方法为剪除病枝，集中烧毁。

虫害：主要有星天牛、介壳虫、潜叶蛾等，主要危害树叶、枝梢等。可根据不同害虫及危害情况用 90% 敌百虫 500 倍液喷施防治。

四 采收加工

采收时间：通常在7月上中旬，果实皮色尚绿，未完全成熟时采收。

加工方法：采收后，在晴天将果实自中部横切为两半，除去果瓤，然后晒干或低温干燥处理，确保果实内外干燥，易于保存。

品质控制：干燥过程中要避免果实发霉或变质，成品要求果皮完整，色泽均匀，香气浓郁。

枸杞子

枸杞是茄科枸杞属的灌木植物。它是一种营养价值较高的食材，也是传统的中药材，具有滋补肝肾、益精明目等功效。主产于宁夏回族自治区以及河北、甘肃、陕西、青海等地。

一 形态特征

植株：枸杞为落叶灌木，株高一般在1m左右，枝条呈淡灰色，细弱，有弓状弯曲或俯垂的特点。

叶片：叶互生，叶片狭长披针形，边缘有锯齿。

花果：夏、秋季节开花，花小，淡紫色或白色，果实为浆果，初时绿色，成熟后变为红色或橙红色，小而多汁。

二 生长习性

气候：适应性强，喜光，耐寒、耐旱、耐盐碱，能在多种气候条件下生长，但最适于温暖干燥的环境。

土壤：对土壤要求不严格，但以深厚、肥沃、排水良好的砂质壤土最为适宜。

水分：能耐一定程度的干旱，但充足的水分有利于提高产量和质量。

三 栽培技术

1.选地整地

选地：以向阳、排灌方便的沙壤土为宜，土壤含盐量低于0.2%。

整地：育苗前施足基肥，翻地深度为25～30cm，做成宽1.0～1.5m的畦。

2.繁殖方法

播种育苗：播前将干果在水中浸泡1~2天，然后与细沙拌匀，在室内20℃条件下催芽，待种子有30%露白时，按行距30~40cm开沟，将种子拌细土撒于沟内，覆土1cm左右，覆草保墒。播种量为每亩0.5kg。

扦插育苗：选一年生枝条的徒长枝，截成15~20cm长的插条，上端切成平口，下端削成斜口，按行株距30cm×15cm斜插入苗床中，保持土壤湿润。

移栽：春、秋季均可，按穴距2.3m挖大穴，每穴3株，穴内株距35cm，也可按1.7m距离挖穴，每穴种1株，栽后踏实，灌水。

3.田间管理

中耕除草：一般1年翻晒地2次，春翻在3月下旬至4月上旬，浅翻12~15cm，秋翻在8月上、中旬，深翻20~25cm。第1次中耕除草在5月上旬，第2次在6月上、中旬，第3次在7月下旬。

施肥：冬肥以羊粪、饼肥混合施用。三至五年生幼龄树一般每株施杂肥10~15kg、饼肥2.0~2.5kg。结果的成年枸杞，每株施杂肥35~40kg、饼肥3~5kg，施后灌水。生长期追肥3次，施速效氮、磷肥料。

灌水：枸杞在生长季节喜水，但怕积水，应根据生长情况和土壤水分状况灌水。一般生长期每隔1周灌1次水，果熟期每采1次果灌1次水。从8月上旬至11月中旬结合施肥要灌3次水。

整形和修剪：移栽后在距地面高50cm处剪顶定干，在主干上部选留3~5个粗壮的枝条作主枝，并留20cm左右进行短截。成树修剪在春、夏、秋季进行，春季剪去枯死枝条，夏季剪去徒长枝条，秋季剪去徒长枝及树冠周围的老、弱、病枝和横条。

4.病虫害防治

黑果病：危害嫩枝、叶、蕾、花、青果等。始发期为5月中旬至6月上旬。结合冬季剪枝，清除树上的黑果、病枝及落叶落果，烧毁或深埋。发病期喷1:1:120波尔多液，每隔5~7天喷1次，连续3~4次。

白粉病：危害叶片，一般发生在多雨季节。用45%硫黄胶悬剂200~300倍液喷雾防治，每亩用量30~35ml。

虫害：主要有枸杞瘿螨、木虱、负泥虫、实蝇、蚜虫等，危害叶片与果实，4—9月均可发生。随时摘除虫果，集中烧埋。

四　采收加工

采收时间：夏、秋季节果实成熟时进行采收，一般在 7—10 月。

加工：采下的鲜果除去果柄，先置于阴凉处晾干至果皮起皱纹，随后移到阳光下暴晒，直至外皮干硬、果肉柔软。若遇阴雨天气，可采用低温烘干。

保存：干燥后的枸杞子应存放在干燥、通风、避光的环境中，以防潮湿、发霉和虫蛀，以保持其色泽、香气和药效。

栀子

栀子属于茜草科栀子属的常绿灌木或小乔木，具有泻火除烦、清热利尿、凉血解毒等功能。主产于江西、湖南、湖北、浙江、福建等地。

一　形态特征

枝叶：嫩枝常被短毛，枝圆柱形，灰色；叶为长圆状披针形、倒卵状长圆形，革质，表面深绿色，有光泽。

花朵：花芳香，单朵生于枝顶，花瓣白色，花期通常在 3—7 月。

果实：果卵形、近球形或椭圆形，成熟时黄色或橙红色，内含多数近圆形而稍有棱角的种子，果期为 5 月至翌年 2 月。

二　生长习性

气候：喜温暖湿润气候，不耐寒，最佳生长温度为 16~18℃。

光照：好阳光但又不能忍受强烈直射，需要半阴或散射光的环境。

土壤：适宜在疏松、肥沃、排水良好、轻黏性酸性土壤中生长。

水分：喜湿润，生长期需保持土壤湿润，但忌积水。

三　栽培技术

1.选地整地

选地：平原、丘陵、山地均可种植，以光照充足、平缓地块为好。对土壤要求不高，但以排水良好、疏松肥沃、酸性至中性的红黄壤土为好。低洼地、盐碱地不宜栽种。

整地：一般按株距 1.0~1.5m、行距 1.5~2m 挖穴栽种。穴深、宽各 30~50cm，种植前每穴施腐熟农家肥 2~3kg。

2.繁殖方法

种子繁殖：选择优良健壮植株的鲜果留种。每亩播种量2~3kg。播种前去壳取出种子浸入30~40℃温水中半天至一天，拌草木灰撒播或条播，播后盖薄土、稻草。

扦插繁殖：选1~2年枝条，截成长为15~20cm的插穗，上端留叶3片。按株行距10cm×15cm插于苗床中，插条入土深2/3，插后浇透水。

3.田间管理

幼苗地：应经常中耕除草，适时适量灌溉，保持苗床湿润，不得有积水，追施氮肥为主的肥料3~4次。可施充分腐熟的稀薄禽畜粪水，喷施磷酸二氢钾、尿素等。

施肥：每年4月追氮肥一次促进发枝和孕蕾，施腐熟的禽畜粪水每亩1 200kg，或尿素、硫酸铵每株15g。5月喷施叶面肥，促进开花和坐果。开花期，用0.15%硼砂加0.2%磷酸二氢钾喷施叶面。在栀子花谢3/4时，用50mg/kg的赤霉素加0.5%的尿素，或者用10mg/kg的GGR加0.5%尿素喷洒。

修剪：定植1年后冬季开始修剪培养树形，培养1个主干和3个主枝，各主枝培养3~4个副主枝。对主干、主枝应抹芽除蘖，剪除下部萌蘖，每年冬季剪去病枝、徒长枝、裙枝、交叉枝和过密枝，形成枝条分布均匀、向四周舒展的圆头形树冠。

四 采收加工

采收时间：通常在果实成熟，颜色转为黄色或橙红色时采收。

加工方法：采收后的果实须洗净，然后晒干或低温烘干，以保持其色泽和香气。

储存：干燥的栀子果实应存放在干燥、通风、避光的环境中，防止潮湿和虫蛀。

草果

草果属于姜科豆蔻属多年生草本植物，具有燥湿温中、截疟等功效，常用于调味和制药。主产于广西、云南等地。

一 形态特征

植株：高可达2~3m，根状茎粗壮。

叶片：叶为长椭圆形或卵形，互生，叶片较大，绿色，有光泽。

花：花为穗状花序，颜色多为黄绿色，生于叶腋或茎顶。

果实：成熟果实为红色，干后转为褐色，不开裂，形状为长圆形或长椭圆形，长度为 2.5~4.5cm，宽 2cm，表面有皱缩的纵线条，顶部留有宿存花柱残迹。种子多角形，直径约为 4~6mm，散发浓郁的香味。

二 生长习性

气候：喜温暖湿润气候，最适生长温度为 15~20℃，不耐高温、干旱和霜冻。

光照：属于阴生植物，喜欢散射光，不耐强烈日晒，适宜的林下荫蔽度为 50%~60%。

土壤与地形：偏好疏松肥沃、排水良好、富含腐殖质的砂质壤土，适合在海拔 1 000~2 000m 的山谷坡地、溪边湿润区域，以及树木稀疏、透光度约 40% 的环境下生长。

三 栽培技术

1.选地与整地

选地：宜选择山谷坡地、溪边或疏林下，土壤以富含腐殖质、质地疏松的砂质壤土为宜，贫瘠土和重黏土中不宜栽种。

整地：翻土深 20~27cm。作宽 1.2~1.5m、高 20cm 的畦，畦内按株行距挖穴，穴的规格为 40cm×40cm×30cm，穴内施堆肥、厩肥和火烧土等作基肥。

2.繁殖方法

种子繁殖：选择果粒大、种子饱满、无病虫害的高产植株作采种植株。播种前先剥掉果皮，浸种 10~12 小时，将种子用 30% 的草木灰拌和，晾干保存至翌年春季播种。春、秋均可播种，以秋播较好。播种时在畦上以行距 15~20cm 开沟，按株距约 6cm 放种，播种深度为 1.5~2.0cm，播后覆土并盖草淋水。育苗半年后即可定植。

分株繁殖：在春季新芽开始萌发、尚未出土前，从母株丛中选取一年生健壮的分株，剪去下部叶片，留上部叶片 2~3 枚，以减少水分蒸发。将带芽根茎挖起，截为 7~10cm 长，截断后栽植。按株行距 1.3m×1.7m 开穴，穴规格为 50cm×50cm×40cm，每穴栽 1 丛，覆土压实，淋足定根水。

3.田间管理

遮阴：若荫蔽度不够，可搭设简易荫棚遮阴。

中耕除草：种植后每年中耕除草 1 次，割除结果后枯死的老株、病株。

追肥：早春用干细的鸡粪拌草木灰，撒在植株周围；夏季刚开花时，将草木灰在清晨露水未干前撒在叶面上作根外追肥；冬初收果后用厩肥、火烧土壅在根部。亦可结合中耕除草，开环状沟施追肥。

培土：开花前要进行培土，使幼芽生长健壮，开花以后不宜培土，以免捂伤花蕾，造成腐烂不结果。

排灌：当根部现出球形花苞时，遇上干旱应及时灌溉；雨水太多时应注意排水。

4.病虫害防治

立枯病：危害幼苗，3—4 月发生，严重时会造成成片倒苗。幼苗出土后用 1:1:120 波尔多液预防；发病后拔除病株，在病株周围撒石灰粉。

钻心虫：危害草果的茎部。发现虫情应及时剪掉枯心的植株。

四 采收加工

采收时间：秋季当果实完全成熟，呈红色时进行采收。

加工：采收后去除杂质，然后晒干或低温干燥处理，以保留其香味和药效。

储藏：干燥后的草果应放置在干燥、通风的环境中储存，以防潮防霉。

第四章

全草类中药材栽培

因地制宜
种植课堂
市场动向
电子书籍

眼"码上"查看

金钱草

金钱草是报春花科珍珠菜属的多年生草本植物，具有清热利湿、解毒消肿的功效。主产于广东、广西、福建等地。

一 形态特征

茎：茎直立或上升，高可达 30~60cm，通常四棱，具纵槽。

叶：叶对生，叶片卵形或心形，边缘有锯齿，基部心形或圆形，叶面绿色，叶背常带紫色，叶柄长短不一。

花：花单生于叶腋，花梗细长，花冠白色或淡黄色，漏斗状，通常在夏季开花。

果实：果实为蒴果，成熟时开裂，散出多数细小的种子。

二 生长习性

土壤：对土壤要求不严格，但以疏松肥沃、排水良好的砂质壤土为佳。

光照：能耐半阴，但光照充足有利于其生长和开花。

水分：保持土壤湿润有助于其快速生长，但要避免积水导致根部腐烂。

三 栽培技术

1.选地整地

选地：宜选择山坡、溪边或灌木丛，以土壤肥沃疏松的坡地或缓坡地为佳。

整地：翻耕土地，清除杂草、树根，作畦，畦宽 1.0~1.2m、高 20cm。秋、冬翻耕，春季整地起畦，畦宽 1.2m，每亩施 3 000kg 腐熟的农家肥作基肥。

2.繁殖方法

种子繁殖：3 月下旬至 4 月初种植。选粒大、饱满的种子作种。将种子均匀撒播在整好的苗床上，覆土 0.5cm，盖草，浇水保湿。

3.田间管理

间苗：当苗长出 3~6cm 时，去弱留强，去密留疏。

除草浇水：苗期杂草应及时清除，直至封行。干旱时要及时淋水，保持湿润。

追肥：苗长至25~30cm时，施1次人畜粪水肥，之后每隔30~40天追施1次。在收割清理田园后，适当施腐熟的农家肥，以促进新芽萌发生长。

4.病虫害防治

立枯病：苗期遇阴雨高湿天气时容易发生，主要危害茎基部。发病时茎基部呈浅黄褐色腐烂，并很快倒伏死亡。发病后用75%春雷霉素600倍液喷施。

黏虫：主要危害叶片。防治方法有以下几种：在幼虫入土化蛹期挖土灭蛹；利用幼虫的假死习性，在清晨人工捕杀；在成虫始盛期，用糖醋毒液诱杀。

四 采收加工

采收时间：一般在植株生长旺盛期或开花前后采收，根据用途的不同，可全年多次采收其地上部分。

采收方法：割取地上部分，尽量保持植株的完整性，以利其再次生长。

加工：采收后，将植株清洗干净，去除杂质，然后进行干燥处理，可选择自然晾干或烘干。干燥过程中应注意通风，防止发霉。

储存：干燥后，密封保存于干燥、阴凉处，避免受潮和虫蛀。

广藿香

广藿香是一种唇形科刺蕊草属的草本植物，具有发表解暑、芳香化湿等功效。主产地为广东、海南、广西、云南等。

一 形态特征

茎：茎直立，高度可达1m，表面被柔毛。

叶：叶圆形或宽卵形，对生，边缘全缘，叶面有腺点，叶柄短。

花：花序为轮伞花序，下部稍疏离，花小，颜色多为淡紫色或白色，唇形花冠，花期通常在4月。

香味：全株特别是叶片具有浓郁的芳香气味。

二 生长习性

光照：喜欢阳光充足的环境，但幼苗期需适度遮阴。

温度：适合温暖的气候，耐热而不耐寒。

水分：喜欢湿润的土壤环境，但忌积水。

土壤：适宜在土层深厚、疏松、排水良好的微酸性砂质壤土中生长。

繁殖：主要通过扦插繁殖，春秋两季为宜。

三 栽培技术

1.选地整地

选地：宜选择避风的林间坡地、河旁冲积地、村前村后，土壤以排水良好、富含腐殖质的砂质壤土为好。广东栽培广藿香常与水稻轮作。

整地：翻耕晒田，以土杂肥、花生麸作基肥，做成宽 60cm、高 30~40cm 的畦。畦沟宽 30cm。

2.繁殖方法

插条选择：选取当年生 5 个月以上的粗壮、节密、叶小而厚、无病虫害的枝条作插穗。截成长为 10~15cm 的小段，剪去下部的叶片，仅留顶端两枚叶和小的心叶。

扦插方法：采用开沟条插的方式，先在畦上按行距 10cm 开横沟，沟深 6~8cm，每隔 6cm 插 1 根。定植时株行距为 30cm×30cm，每亩共栽苗 3 000 株左右。

3.田间管理

遮阴：苗期要有适当的荫蔽，幼苗长大后，在酷暑天也要适当荫蔽。

排灌：当畦面发白，可将水引入畦沟，让水慢慢渗透湿润畦面。同时要防止雨水过多而积聚，注意排水。

间种：为了充分利用土地、光能，可在广藿香行间间种蔬菜（生姜、白菜等）、瓜类（丝瓜、苦瓜等），利用瓜棚为幼苗遮阴。

补苗中耕：种植后要及时补苗，勤除草松土和培土。

施肥：移栽后每隔 1~2 个月施肥 1 次。肥料以人畜粪尿为主，每亩用 250~350kg 加 7 倍以上清水施用，或施硫酸铵 5~6kg，每千克加 100kg 水稀释。

4.病虫害防治

斑枯病：此病多在高温多湿季节发生，危害叶片。广藿香收获后清除病残株，集中烧毁，消灭越冬病原菌；结合喷药给叶面喷施磷酸二氢钾，可提高植株抗病力。

蚜虫（藿香虱）：啃食叶片、嫩梢。可用 2.5% 鱼藤酮乳油 800~1 000 倍液喷雾防治。

四 采收加工

采收时间：一般在种植后 14 个月左右，即在枝叶旺盛生长期进行，具体时间根据气候和栽培习惯的不同可有所不同，有的地区可能在 11—12 月或翌年的 4—5 月、

7—8 月采收。

采收方法：选择晴天进行，割取整株或地上部分。

加工：采收后清洗，然后进行干燥处理，通常是自然晒干或人工干燥，干燥过程中要保持通风，避免高温，以保留其香气和药效。

储存：干燥后的药材应储存在干燥、通风、避光的环境中，防潮防虫，保持品质。

半枝莲

半枝莲又名韩信草、通经草，属于唇形科黄芩属，是一种多年生草本植物，具有清热解毒、活血祛瘀、消肿止痛、抗癌等功能。分布于我国南方各省区。

一 形态特征

茎：通常高度在 15～35cm，有时可达 55cm，无毛或上部疏被平伏柔毛，茎直立或基部横卧生根。

叶：叶对生，具短柄，叶片多皱缩，展开后呈三角状卵形或披针形，边缘可能有少数不明显的钝齿，叶面暗绿色，叶背灰绿色，长 1.5～3cm，宽 0.5～1cm。

花：花单生于茎枝上部叶腋，花萼裂片钝或较圆，花冠二唇形，颜色为棕黄色或浅蓝紫色，长约 1.2cm，外面被毛。

果实：果实为扁球形，颜色为浅棕色。

二 生长习性

环境：半枝莲适应性强，喜欢温暖湿润的环境，耐寒也耐旱，常见于田野、路旁、沟边等湿润处。

土壤：对土壤要求不严，但在疏松、肥沃、排水良好的砂质壤土中生长最佳。

光照：需要充足的光照，但也能耐半阴。

水分：保持土壤微湿，避免长时间积水。

三 栽培技术

1.选地整地

选地：以疏松肥沃的砂质壤土或壤土为好。

整地：翻耕，整平耙细，每亩施 2 000kg 农家肥作基肥，做成宽 1.3m 的畦。

2.繁殖方法

种子繁殖：条播按行距 25~30cm 开沟，沟深 4cm 左右；穴播按穴距 27cm 左右开穴。先将种子撒入混有畜粪水的草木灰里，均匀地撒入沟内或穴内，覆一层细土或草木灰，播后保持土壤湿润。每亩用种子 0.3~0.4kg。

分株繁殖：将植株老根挖起，选健壮、无病虫害植株进行分株，每株有 3~4 根苗，按穴距 27cm 左右穴栽，栽后浇水。

3.田间管理

间苗补苗：在苗高 5~7cm 时，按株距 4~5cm 间苗，同时补苗，补苗应带土移栽，栽后浇水。

中耕除草：出苗即进行中耕除草，以后每次收割后都应及时除草。

追肥：结合中耕除草，每次每亩追施 2 000kg 人畜粪水。

4.病虫害防治

半枝莲栽培中病害较少，主要防蚜虫和菜青虫等虫害，可用 50% 的敌敌畏 1 000 倍液喷雾防治。

四 采收加工

采收时间：一般在花期或果实成熟前进行全草采收，通常选择在春末夏初。

方法：割取地上部分，注意保留根部以促进再生。

加工：采收后洗净，可选择阴干或晒干，干燥过程中注意通风，避免霉变。

储存：干燥后的半枝莲应放置在干燥、通风、避光的环境中保存，以防潮防虫。

白花蛇舌草

白花蛇舌草又称小叶锅巴草、蛇舌草，是茜草科耳草属的一种多年生草本植物，具有清热解毒、利尿消肿、活血止痛等功效。主产于河南、云南、广东、广西、福建、浙江、江西、安徽、江苏等地。

一 形态特征

茎：一年生披散草本，高 5~20cm，茎多分枝，基部略方柱形，表面光滑或有细微的毛。

叶：单叶对生，无柄或近无柄，膜质，线形或线状披针形，长 1～2cm，全缘，顶端急尖或渐尖，中脉明显。

花：花小，白色，聚集成穗状花序，花冠裂片卵状长圆形，花萼宿存，萼檐裂片长圆状披针形，花冠喉部无毛。

果实：蒴果扁球形，直径为 2～2.5mm，室背开裂，种子每室约 10 粒，深褐色，表面有深而粗的窝孔。

二 生长习性

环境：喜温暖湿润环境，不耐旱也不耐涝。

土壤：对土壤要求不严格，但以疏松肥沃、富含有机质的砂质壤土最佳，重黏土和低洼地不宜种植。

光照：适宜在半阴或散射光条件下生长。

水分：保持土壤适度湿润，避免积水。

三 栽培技术

1.选地整地

选地：选择地势较高、光照充足、排灌方便、疏松肥沃的壤土种植。

整地：浅耕细耙，开沟作畦，畦宽 1m，畦沟深 30cm，每亩施腐熟的农家肥 500kg 或复合肥 100kg 作基肥。

2.繁殖方法

种子繁殖：将果实拌细土，以便播种均匀。条播行距为 30cm，均匀播在畦面上，稍压薄盖一层干草，早晚喷浇 1 次水，保持畦面湿润，每亩用种 1kg 左右。

3.田间管理

间苗及除草：幼苗出土后应结合松土、除草进行间苗，按株距 10cm 定苗。在苗高 6cm 左右，清除杂草，追浇 1 次稀人畜粪水。

排灌：保持土壤湿润，但忌畦面积水，雨后有积水时应及时排出，果期可停止灌溉。

追肥：生长期短，需要重施基肥，以农家肥为主。苗高 10cm 左右时，每亩用人粪 500kg，用 5 倍水稀释后泼浇，要掌握好浓度，以防烧灼。如果收获 2 次，在第 1 次收割后，每亩追施 1 次浓人粪或尿素 15kg，待苗高 10cm 左右再施稀水粪。

4.病虫害防治

生长前期常有地老虎啃食幼芽、咬断根茎，生长中后期有日本雀天蛾啃食叶片和嫩茎。用敌百虫拌炒香的豆饼或麦麸，做成毒饵诱杀，或人工捕杀。

四 采收加工

采收时间：根据播种时间，一年可收割2次，春播一般在8月中下旬，秋播在11月上中旬收获。

方法：在果实成熟时，齐地面割取地上部分，注意不要损伤根部，以利于再生。

加工：除去杂质和泥土，可以鲜用或晒干。晒干时要摊开均匀，避免堆积导致发热霉变，直至完全干燥成为商品。

储存：干燥后应存放于干燥、通风、避光的环境中，以防潮防虫，保持药效。

石斛

石斛属于兰科，是一类多年生草本植物，具有益胃生津、滋阴清热等功效。主产于云南、广西、浙江、江西、四川等地。

一 形态特征

茎：茎直立或下垂，肉质，通常呈圆柱形或稍扁平，长度不等，可附生在树干上或岩石缝隙中。有些种类的茎节间肿大，形成假鳞茎。

叶：叶常为革质，互生或丛生于茎上，形状多样，从线形到椭圆形都有，根据种类的不同，叶的大小和形态也有很大差异。

花：花通常色彩丰富，以白色、黄色、粉红色、紫红色等为主，花序多为总状花序，生于茎的顶端或侧生，花朵构造复杂，具有观赏价值。

二 生长习性

环境：石斛喜欢温暖、湿润、半阴半阳的环境，多自然生长于海拔480~1 700m的山地林中树干上或山谷岩石上。

温度：适宜生长温度范围为15~30℃，生长期最适温度为17~22℃，温差保持在9~16℃为佳。

湿度：需要高湿度环境，空气湿度保持在80%以上，特别在生长期更需注意保持湿润。

光照：需要散射光，避免强烈直射阳光，适合在半阴条件下生长。

土壤：对土壤要求不严，但以疏松、透气、排水良好的基质为佳，如树皮、蕨根、椰壳、松树皮等。

三 栽培技术

1.选地整地

宜选半阴半阳的环境，使用树皮、蕨根、砂石、苔藓等作为栽培基质，保证良好的排水和透气性。

2.繁殖方法

分株繁殖法：石斛种植一般在春季进行，选择健壮、无病虫害的石斛，剪取三年生以上的老茎作药用，二年生新茎作繁殖用。繁殖时减去过长老根，留2~3cm，将蔸种分开，每蔸含2~3个茎，然后栽植，可采取贴石栽植和贴树栽植法。贴石栽植：在选好的石块上，按30cm的株距凿出凹穴，塞入石穴或石槽，力求稳固不脱落即可。贴树栽植：在选好的树上，用刀将树干砍去一部分树皮，将种蔸涂一薄层牛粪与泥浆混合物，然后塞入破皮处或树纵裂沟处，贴紧树皮，覆一层稻草，用竹篾捆好。

3.田间管理

浇水：石斛栽植后期空气湿度过小时要经常浇水保湿。

追肥：第1次在清明节前后，以氮肥混合猪牛粪及河泥为主；第2次在立冬前后，用花生麸、菜籽饼、过磷酸钙等加河泥调匀糊在根部。

调整荫蔽度：适宜石斛生长地的荫蔽度要在60%左右，对附生树进行整枝修剪，以免过于荫蔽或荫蔽度不够。

整枝：每年春天萌发新茎时，结合采收老茎将丛内的枯茎剪除，并除去病茎、弱茎以及病根、老根。

4.病虫害防治

石斛黑斑病：危害叶片，使叶片枯萎，3—5月发生。收获后清园，烧毁病枝病叶。

石斛菲盾蚧：寄生于植株叶片边缘或背面，吸食汁液。集中有盾壳老枝烧毁。

四 采收加工

采收时间：通常在植物生长旺盛期或花后进行，具体时间依品种而异。

采收方法：对于药用或观赏目的，可剪取成熟的茎段或整株，注意保护植株基部，以便继续生长。

加工：采收后，对茎段进行干燥处理，可自然风干或使用专用设备烘干，干燥后可作药材或进一步加工成保健品。

储存：干燥后的石斛应储存在干燥、通风、避光的环境中，防止受潮和虫蛀。

关木通

关木通属于马兜铃科，是一种木质藤本植物，具有清心火、利小便、通经下乳功能。主产于吉林、黑龙江、辽宁、山西、陕西等地。

一 形态特征

茎：茎长可达10m，嫩枝深紫色，密被白色长柔毛；老茎基部直径2~8cm，表面灰色，散生淡褐色长圆形皮孔。

叶：叶革质，心形或卵状心形，长为15~29cm，宽13~28cm。

花：花单生或稀少2朵聚生于叶腋，花型独特。

果实：蒴果长圆柱形，成熟时暗褐色，具有6棱；种子三角状心形，长与宽均为6~7mm，干时呈灰褐色，背面平凸，表面有小疣点。

花果期：花期在6—7月，果期为8—9月。

二 生长习性

分布：原产于中国东北地区，以及朝鲜北部、俄罗斯等地，中国境内分布于辽宁、吉林、黑龙江、山西、陕西、甘肃、四川和湖北等地的特定海拔区域。

生态环境：喜阴湿环境，多生长在海拔100~2 200m的阔叶和针叶混交林中，耐低温，适合北方地区种植。

光照与土壤：遮阴和排水良好的土壤，适应性强，能在多种土壤类型中生长。

三 栽培技术

1.选地整地

选地：选择半阴湿、排水良好的沟谷地、缓坡地带，含有机质的砂质壤土为佳。

整地：播种前进行整地。

2.繁殖方法

种子繁殖：适宜种植时间为4—10月。按行距20~25cm开沟条播，种子播入沟内后，覆土2~3cm，镇压即可。

3.田间管理

水分管理：播种后保持土壤湿润，幼苗生长期应注意排水。

施肥：生长期每年施农家肥2~3次。

搭架：提供足够的支架供其攀爬，适时修剪过密枝条，保持通风透光。

4.病虫害防治

根腐病：主要表现为根部腐烂枯死，并传染至附近的植株，严重时会造成成片植株死亡。雨季及时排水，发现病株要立即拔除并烧毁，在病穴周围撒石灰粉消毒。

马兜铃凤蝶：幼虫在7—9月啃食叶片和茎，可进行人工捕杀。

四 采收加工

采收时间：秋、冬两季是采收的最佳时期，此时关木通的药效成分含量较高。

采收方法：剪取成熟藤茎，除去杂质和粗皮。

加工：将采收的藤茎切成段，经过清洗、干燥等步骤制成药材，干燥过程可采用自然晒干或人工干燥等方式，确保干燥彻底，避免霉变。

储存：干燥后的关木通应放置在干燥、通风、阴凉处储存，以防潮湿和虫蛀。

肉苁蓉

肉苁蓉是列当科肉苁蓉属的植物，是一种寄生性草本植物，具有温补肾阳、润肠通便、益精血等功效。主产于内蒙古、新疆、甘肃、宁夏、青海等地。

一 形态特征

茎：肉质，呈圆柱形或扁圆柱形，地下部分较为粗壮，地上部分较小，表皮灰棕色至棕褐色，有明显的环节和鳞片状叶痕。

叶：退化成鳞片状，密集排列于茎的下部，上部无叶。

花序与花：花序为穗状，顶生，花小，呈黄褐色或淡紫色，花被筒状，顶端分裂。

果实：蒴果，内含多数细小种子。

二 生长习性

寄生性：肉苁蓉是一种典型的寄生植物，寄生于藜科植物（如盐爪爪、柽柳等）的根部，依靠宿主提供水分和养分。

生态环境：主要分布在沙漠、半沙漠或干旱草原地带，耐旱耐寒，适应极端的生态环境。

光照：偏好充足的阳光，但也能在部分遮阴环境下生长。

土壤：适宜在砂质或沙壤土中生长，土壤排水性要好。

三 栽培技术

1.选地整地

选地：宜选沙土或半流沙荒漠地带，中性或偏碱性土壤，以阳光充足、雨量少、排水良好、昼夜温差大的地区为佳。

整地：可在天然梭梭林较集中的沙漠地区建立圈栏，防止牛、羊和骆驼啃食，浇水施肥，保护扶壮寄主。

2.繁殖方法

种子繁殖：春天作畦播种育苗。种子播种后1~3天出苗，1~2年后定植，行株距均为1.0~1.5m，定植2~3年以后，生长健壮，可以接种肉苁蓉。

3.田间管理

水分管理：虽然肉苁蓉耐旱，但在生长季节保证适度的土壤湿度有利于其生长。

人工授粉：肉苁蓉5月开花时要通过人工授粉，提高结实率。

4.病虫害防治

梭梭白粉病：在7—8月发生，危害嫩枝。用武夷菌素300倍液喷雾防治。

梭梭根腐病：多发生在苗期，危害根部。选排水良好的沙土种植，加强松土。

种蝇：发生在肉苁蓉出土开花季节，幼虫危害嫩茎，钻隧道，蛀入地下茎基部。可用90%敌百虫800倍液在地上部喷雾或浇灌根部。

沙鼠：啃食梭梭枝条、根系。用毒饵于洞口外诱杀。

四 采收加工

采收时间：通常在春季或秋季，肉苁蓉生长旺盛时进行。

采收方法：小心挖掘，尽量不伤及根系，保持肉苁蓉的完整性。

加工：采收后，清洗干净，去除泥土和杂质，然后通过自然晾干或人工干燥的方法进行干燥处理，干燥过程中要避免高温，以免影响药材品质。

储存：干燥后应存放在干燥、通风、避光的地方，以防潮防虫，保持其药效。

灵香草

灵香草是一种多年生草本植物，具有祛风寒、避瘟疫、行气止痛、驱虫等功效。主产于广西、广东、云南，四川、贵州、湖北等地。

一 形态特征

高度：株高一般在 20 ~ 60cm。

茎：茎直立或匍匐，老茎可能匍匐生根，当年生茎直立，具棱，表面绿色。

叶：叶互生，形状为心形或卵状披针形，长度 2 ~ 5cm，宽度 1 ~ 2.5cm，边缘有细齿，叶面稍有皱纹，灰绿色，叶面和茎上密布棕色小腺点，干燥后香气浓郁。

花序：花为圆锥花序，腋生或顶生，花序长度可达 15cm，花小，呈淡绿色或淡黄色。

果实：蒴果近球形，成熟时为灰白色。

二 生长习性

环境偏好：喜阴凉、湿润环境，不耐高温和强光直射，适宜在海拔较高的深山林下或山谷阴湿地带生长。

温度：适宜的生长温度范围较广，一般在 5 ~ 30℃，最适温度为 14.9℃左右，当日平均温度在 9 ~ 10℃时开始萌芽。

湿度与降水：需要较高的空气湿度，最佳相对湿度为 85% 以上，年降雨量适宜在 1 500mm 以上。

土壤：偏好土层深厚、松软、富含有机质的灰黑色或棕黑色土壤，排水性要好。

三 栽培技术

1.选地整地

选地：宜选择阴凉湿润的深山，具有落叶层，富含腐殖质，且排水良好的杂木林地，尤其以疏松的生荒地为佳。

整地：将杂草、枯枝落叶、草根等除净，深耕、碎土、耙平，做成宽 90cm 的高畦。每亩施 70~100kg 磷肥、1 000~1 500kg 草木灰作基肥。

2.繁殖方法

扦插繁殖：选取粗壮、无病虫害的当年生植株，剪取长 4~5cm 的插条，每插条带 1~2 枚叶，按株行距 5cm×6cm 扦插，扦插的深度以入土 3/4 为宜，然后将土压紧，浇水，保持土壤湿润。

3.田间管理

除草：待植株成活后，每年除草两次，同时清除枯枝落叶。刚种不久如遇大雨插条会被雨打翻，故雨后要检查，进行补插。

施肥：施肥有明显的增产效果，尤以氮、磷、钾增产效果最好。不同土壤肥力条件不同，应视具体情况酌情施肥。

4.病虫害防治

细菌性软腐病：此病是一种毁灭性病害，一年四季均可发生，以开花前后流行速度最快，主要危害叶片、茎秆、花朵等部位。防治方法：冬季清园处理，减少病原菌；选用无病种苗或进行种苗消毒；注意通风透光，降低田间湿度；及时清除病株，减少菌源。

排草斑枯病：病斑多时可引起落叶，且常有软腐病细菌混生，并加剧软腐病的危害。防治方法同上。

四 采收加工

采收时间：一般在花果期，即 5—9 月，根据用途和市场需求选择最佳采收时机。

采收方法：收割整株，或仅收割地上部分，注意不要损伤根系，以便持续生长。

加工：采收后，可进行干燥处理，通常是自然晾干或使用设备烘干，以保持其香气和药效。

储存：干燥后的产品应储存在干燥、通风、避光的条件下，以防霉变和香气散失。

芦荟

芦荟是百合科芦荟属的多年生常绿肉质草本植物，具有清热、通便、杀虫、通经等功效。主产于广东、广西、云南、福建等地。

一 形态特征

叶：叶片肉质、基出、簇生，狭长披针形，颜色深绿，叶缘有锐利锯齿，有时叶面上有白色斑纹。叶片中储存大量水分，是其显著特征。

花：花通常为总状花序穗状，花序高大，直立向上生长，花梗超出叶片，花色深红、黄色或带有赤色斑点，非常鲜艳。

根：根系为须根系，根群水平发展较快，属浅根性植物，容易渍水，需要良好的排水条件。

二 生长习性

光照：喜充足阳光，但也耐半阴，在光照充足条件下生长更加健壮。

温度：适宜在温暖环境中生长，最佳生长温度为20~30℃，不耐寒，冬季温度不宜低于5℃。

土壤：喜欢排水良好、肥沃的中性或微碱性砂质壤土，忌积水和重黏土。

水分：生长期需要适量水分，保持土壤微湿即可，休眠期减少浇水，保持干燥。

三 栽培技术

1.选地整地

选地：选阳光充足、排水良好、富含石灰质的壤土。过湿过黏重的土壤不宜种植。

整地：定植前翻耕土地，每亩施腐熟有机肥或土杂肥1 500~2 000kg作基肥，然后作畦，畦宽0.8~1.0m。

2.繁殖方法

分株繁殖：将芦荟周围分蘖出来的小苗连根挖取，并切断与母株连接的地下茎，即可定植。定植时，用10~20cm高的分株苗，株行距50cm×50cm或40cm×50cm，每畦种2行，每穴栽1株。

3.田间管理

淋水排水：夏季天热干燥时必须淋水，保持土壤湿润；不宜过于潮湿，排出积水，以免烂根。

除草松土：生长期间要勤除草松土。雨季除草要将除下的杂草清出园外，堆沤作肥；旱季除草要用杂草覆盖根际。在除草时结合松土或培土。

追肥：以腐熟有机肥为主，每年施3~4次。每次每亩施腐熟有机肥4 000~5 000kg，混合尿素6kg、过磷酸钙50kg。

4.病虫害防治

芦荟在整个生长期很少受病虫害危害。

四 采收加工

采收时间：一般在植株生长旺盛期采收叶片，避免在雨季或低温条件下采收。

采收方法：选择成熟的、饱满的叶片，用锋利的刀具从基部切割，注意不要损伤其他叶片和植株。

加工：新鲜采下的芦荟叶片需去皮，取出透明的凝胶部分。凝胶可用于直接外敷或进一步加工提取芦荟汁、芦荟胶等产品。

储存：未加工的芦荟叶片可置于阴凉干燥处短期保存，加工后的芦荟制品需密封冷藏或按具体产品说明储存。

佩兰

佩兰又名兰草、香水兰，属于菊科泽兰属多年生草本植物，具有芳香化湿、醒脾开胃、解暑等功效，主产江苏、浙江、河北、山东等地。

一 形态特征

茎：茎呈圆柱形，表面黄棕色或黄绿色，有时带紫色，有明显的节和纵棱线。

叶：叶对生，有柄，叶片多皱缩、破碎，绿色，中部茎叶较大，常三全裂或三深裂，裂片长椭圆形、长椭圆状披针形或倒披针形，上部茎叶常不分裂，下部茎叶渐小。

花序：头状花序多数，排列成复伞房花序，位于茎顶和枝端，总苞钟状，花白色或带微红色。

果实：瘦果黑褐色，长椭圆形，花期通常在 7—11 月。

二 生长习性

气候：佩兰喜温暖湿润气候，耐寒，但怕旱、怕涝。

土壤：对土壤要求不严格，但以疏松肥沃、排水良好的砂质壤土栽培为佳。

光照：需要充足的光照，但也能耐受半阴环境。

水分：在高温高湿季节生长较快，保持土壤湿润是关键，避免积水。

三　栽培技术

1.选地整地

选地：选择灌水方便、阳光充足的地方，不宜选低洼地和盐碱地。喜肥沃、疏松、湿润的沙壤土。

整地：深耕细耙，施足基肥，做成宽 1.3m 的畦。

2.繁殖方法

用根茎繁殖：栽时选择色白、粗壮且具有芽眼的根茎，剪成 6~10cm 的小段，按株行距 10cm×30cm 开穴栽植，栽后覆土，稍加镇压，浇水。

3.田间管理

间苗补苗：苗高 10~15cm 时行间苗，每穴留 1~2 株壮苗。缺苗处补苗。

中耕除草：苗期土壤板结或浇水后应及时中耕，见草就除，封垄后即停止。

肥：苗高 6~10cm 时可追施粪水 1 次，苗高 20cm 时再施 1 次。在第 1 茬苗收割后紧接着施 1 次浓肥，施后浇水；第 2 茬苗高 20cm 时再施粪水 1 次。

排灌：保持土壤湿润，生长期间遇干旱应及时浇水，多雨积水时要及时排出。

4.病虫害防治

根腐病：低洼积水处易发，危害根部。防治方法为排出积水，用5%石灰水浇灌根部。

红蜘蛛：危害叶片和幼苗。防治方法为经常清理田园。

四　采收加工

采收时间：一般在秋季，当佩兰地上部分生长茂盛，花尚未完全开放时采收。

采收方法：割取地上部分，注意保留适量茎基，以便来年再生。

加工：将采收的佩兰地上部分进行整理，去除杂质，然后进行干燥处理，可以自然晒干或使用干燥设备，干燥过程中注意翻动，使其均匀干燥。

储存：干燥后的佩兰应储存在干燥、通风、避光的环境中，以防受潮变质。

细辛

细辛是马兜铃科细辛属的多年生草本植物，具有祛风、散寒、解热、镇痛等功效，主产于辽宁、吉林、黑龙江等地。

一 形态特征

根茎：根状茎横走，细长，具节，节上生根。

叶片：叶为心形或近肾形，基部心形，有长柄，单叶，叶面绿色，叶背常带紫色，生于地面，丛生。

花：花单生，紫棕色或紫褐色，花被筒状或半球形，花被片三角状卵形，内壁有纵皱褶，花期通常在春季。

果实：果实为浆果，成熟时颜色变化，通常为黑色或深蓝色。

二 生长习性

温度：细辛喜凉爽气候，耐寒不耐热，生长适温为20～25℃，能耐受-40℃低温。

湿度：喜好湿润环境，耐旱耐湿，适宜在年降雨量500mm以上地区生长。

土壤：适宜在肥沃、疏松、排水良好且富含腐殖质的壤土或砂质壤土中生长。

光照：喜半阴，避免强烈阳光直射，尤其是在炎热夏季，需要遮阴。

三 栽培技术

1.选地整地

选地：选择阴湿、排水良好的坡地或林下，土壤以富含有机质的沙壤土为宜。

整地：刨地深度为15～20cm，除去石块、树根，搂平土面，做成宽1.0～1.2m、长10～20m、高20cm左右的高畦。

2.繁殖方法

种子繁殖：在林下背阴处挖一浅坑，深15cm，将种子拌沙放入坑内，盖沙子，再盖树叶或稻草，注意保温不积水。播种采用撒播、条播、穴播等方式。撒播时将种子与细沙或土拌匀撒于畦面，播种子30g/m^2左右。条播时在畦上按行距10cm、播幅4cm播种，每行播130粒左右。穴播时按行距13cm，穴距7cm播种，每穴播种7～10粒。播后用腐殖土或过筛的细土覆盖，再盖草或树叶保持土壤湿润。

分根繁殖：将收获的植株根状茎上部4～5cm长的一段剪下，每段必须有1～2个芽苞并保留根条，然后按20cm×20cm的行株距挖穴，每穴种2～3段根茎。

3.田间管理

浇水除草：细辛根系浅，不耐干旱，必须经常检查土壤湿度，土壤干时要及时浇水，以保证苗全、苗壮。及时拔草，畦上、畦沟均应无杂草。

施肥培土：细辛是喜肥植物，基肥以猪圈粪、熏肥、过磷酸钙为主。入冬以后，每亩用猪圈粪 4 000kg 掺过磷酸钙 40kg 一起发酵，将腐殖土混合在一起撒盖于细辛畦上。

摘除花蕾：多年生植株每年开花结实，消耗大量养料，影响产量，除留种地以外全部摘除。

4.病虫害防治

病害防治：细辛病害较少，危害较重的是菌核病，每年早春到夏季发生，危害全株。防治方法为加强田间管理，畦内不积水、不板结，注意通风；发现病株应彻底清除，在病穴撒石灰进行土壤消毒。

虫害防治：虫害主要有地老虎、蝗虫、细辛凤蝶等。保持田间清洁卫生，可用敌百虫拌炒香的豆饼或麦麸，做成毒饵诱杀，或用毒土毒杀，人工捕杀。

四 采收加工

采收时间：在秋季植株地上部分枯萎后，或春季植株未完全萌发前采挖根部。

采收方法：小心挖掘，避免损伤根系，尽量保持根茎完整性。

加工：洗净根部，去除泥土和杂质，可选择切片或整根干燥。干燥通常采用阴干或低温烘干法，避免高温破坏其有效成分。

储存：干燥后密封保存于干燥、通风、阴凉处，防止受潮和虫蛀。

穿心莲

穿心莲为爵床科穿心莲属的一年生草本植物，具有清热解毒、消炎、消肿止痛等功效。主产于南方各地。

一 形态特征

茎：茎直立，高 30 ~ 80cm，四棱形，下部多分枝，节膨大，质地较脆，易折断。

叶：叶对生，卵状矩圆形至矩圆状披针形，长 6 ~ 8cm，宽 1.5 ~ 2.5cm，两端渐尖，基部稍卵圆形，全缘，无毛，叶面绿色，叶背色较淡。

花：花组成疏散的圆锥花序，花枝横展。花萼裂片条状披针形，长约 3mm，有短柔毛；花冠二唇形，上唇顶端极浅 2 裂，下唇深 3 裂，全部白色，但下唇中裂片中央有两块紫黑色斑纹；雄蕊 2 枚，花药紫黑色。

果实：蒴果直立，条形而扁，略尖头，中央有 1 纵沟，长 10 ~ 15mm，宽 2 ~ 3mm，近无毛,果梗长约5mm。

二 生长习性

光照:喜光,需要充足的阳光照射。

温度:喜温暖,种子发芽及植株生长的适宜温度为25~30℃,不能耐受霜冻,遇0℃低温植株会枯萎。

水分:喜湿怕旱,但土壤过湿会导致病害,需保持土壤微湿。

土壤:对土壤要求不严,但以疏松、肥沃、排水良好的砂质壤土为佳。

三 栽培技术

1.选地整地

选地:穿心莲对土壤要求不严,但以地势平坦、背风向阳、土质疏松、排水良好和靠近水源的田块为佳,干旱地和盐碱地不宜种植。忌与茄科作物轮作。

整地:翻耕整平,作畦,做到田块细碎、疏松,苗床宽1.2m。施足基肥,每亩施农家肥2 000kg。

2.繁殖方法

育苗:撒播,播后覆细土刚盖没种子,再盖一层粉碎的树叶或稻草。幼苗期要严格控制苗床温度和湿度。

移栽:当苗高10cm左右、具6枚真叶时即可移栽,株行距20cm×30cm,穴栽,栽后及时浇水。

3.田间管理

保苗:如移栽后3~5天内无雨日晒,应适当遮阴,同时每天早晚浇水,促使幼苗成活。

追肥:以氮肥为主,在移栽成活后5~7天施肥,每月追肥1次,每次每亩施人粪尿2 000~3 000kg。

中耕除草:生长期间结合施肥进行3~4次,中耕要浅,同时适当培土,以促进茎基部不定根的生长。

排灌:每次追肥后要及时浇水,苗期及平时也应经常浇水,以充分保持土壤湿润。但忌积水,多雨时应注意排水。

4.病虫害防治

猝倒病:危害幼苗。防治方法为控制湿度,注意通风,加强苗床管理。

青枯病：7—8 月高湿多雨季节多发，危害成株。忌积水，忌连作。

虫害：主要有蝼蛄、地老虎、棉铃虫等，危害幼苗或成株。防治方法为人工捕捉。

四 采收加工

采收时间：植株要现蕾时为最佳采收时间，通常在栽培后 75～90 天。

采收方法：从茎基部分枝 2～3 节的地方割取全草，或根据需要采集叶片。

加工：采收后应及时干燥，可自然晒干或使用烘干设备，干燥后的产品须去除杂质，分级包装，存放在干燥、通风、避光的环境中，以保持品质。

草珊瑚

草珊瑚是金粟兰科的常绿半灌木，具有抗菌消炎、清热解毒、祛风除湿、活血止痛、通经接骨等功效，分布于江西、浙江、安徽、福建、湖南、湖北、广东、广西、四川、贵州、云南等地。

一 形态特征

茎：茎节显著膨大，木质部无导管，仅具管胞。

叶：叶对生，椭圆形至卵状披针形，边缘有锐锯齿，叶片颜色浓绿，质地厚实。

花序：花为穗状圆锥花序，顶生，两性花，苞片三角形，雄蕊棒状，生于药隔上部两侧，雌蕊子房下位。

果实：核果球形，成熟时呈红色，种子胚小，胚乳丰富。

二 生长习性

气候：喜温暖湿润气候，不耐寒冷和极端高温。

光照：耐阴性强，忌强光直射，适合在半阴或散射光下生长。

土壤：偏好腐殖质丰富、疏松肥沃、微酸性、排水良好的沙壤土。

海拔：通常生长在海拔 420～1 500m 的山沟谷林下阴湿处。

三 栽培技术

1.选地整地

选地：宜选水源方便的山坡田或山沟溪流旁和山谷林荫下的砂质土壤地段种植。

整地：秋、冬季翻挖土地，自然风化，翌春种植前整地。每亩施入农家土杂肥2 000kg，翻耕入土，耙细整平，做成高畦，畦宽1m。

2.繁殖方法

扦插繁殖：选取健壮植株一至二年生枝条，剪成带2～3节、长10～15cm的插穗，捆成小把，在1ml/L萘乙酸溶液中快蘸后扦插。按株行距5cm×10cm斜插入土，土面上留1节，按紧，浇透水。培育10～12个月，即可出圃定植。

种子繁殖：在整好的苗床上，按行距20cm开深2～3cm的播种沟，将种子均匀播于沟内，用火土灰或细土覆盖，畦面盖草搭荫棚。期间松土除草，适时追肥。

分株繁殖：将植株地上部分割下入药或作为扦插材料，然后挖出根蔸，按茎秆分割成带根系的小株，按株行距20cm×30cm直接栽植大田，保持土壤湿润。

移栽：种子繁殖和扦插繁殖的苗木，一般在当年11—12月或翌春2—3月起苗移栽。在整好的畦上，按株行距20cm×30cm定植，浇透定根水。

3.田间管理

查苗补苗：移栽后要及时查苗，如发现死苗缺株，要带土补栽，确保全苗。

中耕除草：苗期要及时清除田间杂草，并适当进行中耕松土。一般每年中耕3～4次，保持土壤疏松，田间无杂草。

灌溉排水：定植后保持土壤湿润，如遇干旱，要及时灌溉浇水。多雨季节如田间积水，要及时排出，以免引起烂根。

追肥：每年春、夏两季各追肥1次，每亩施用硝酸铵或尿素6～7kg、氯化钾2～3kg，兑水浇施。冬季结合培土施1次农家肥，将栏肥或沤肥施于植株根际，用沟边泥土覆盖肥料，既可保温防寒，又可促进植株在翌春早生快长。

4.病虫害防治

草珊瑚刚从野生种转为家种，抗病虫能力较强，目前尚未发现危害较重的病虫害，无须防治。

四 采收加工

采收时间：叶片在生长期可以随时采摘，但以生长旺盛期为佳；秋季可将整株从离地面5～10cm处割下。

加工：叶片采收后可直接晒干或加工成浸膏，整株收割后需洗净，然后晒干或烘干。

储存：干燥的草珊瑚应置于干燥、通风、避光的条件下储存，以保持药效。

第五章

花类中药材栽培

丁香

丁香是桃金娘科蒲桃属植物，主要以其干燥花蕾作为香料使用。主要产区包括印度尼西亚、桑给巴尔、马达加斯加等地。

一 形态特征

树体：常绿乔木，株高可达10~20m，树皮灰白而光滑。

叶：叶对生，叶片革质，卵状长椭圆形，全缘，密布油腺点，叶柄明显，叶芽顶尖，红色或粉红色。

花：花瓣4枚，白色而现微紫色，花萼呈筒状，顶端4裂，裂片呈三角形，鲜红色，雄蕊多数，子房下位。

果实：卵圆形，红色或深紫色，内有种子1粒，呈椭圆形，成熟期在6—10月。

二 生长习性

气候：丁香喜高温，属热带低地潮湿森林树种，最适生长温度为20~30℃。

光照：苗期以及幼树喜阴，不宜烈日暴晒，成龄树喜光，需要充足的阳光才能开花结果。

土壤：喜土层深厚、疏松肥沃、排水良好的黄壤土和红壤土。

水分：丁香不耐干旱，要求年降水量为1 800~2 500mm。

三 栽培技术

1.选地整地

选地：选择温和湿润、静风、温湿变化平缓、坡向最好为东南坡的地区，并选择土层深厚、疏松肥沃、排水良好的壤土栽培。

整地：深翻土壤，每亩施有机肥2 500~3 000kg作基肥。平整后作宽1.0~1.3m、高25~30cm的畦。挖穴为60cm×60cm×50cm。

2.繁殖方法

主要通过种子繁殖，也可采用嫁接或压条法。开沟点播，沟槽深度约为2cm，种子播下后，轻轻覆盖一层细土，厚度以刚好不露出种子为宜。幼苗长至拥有3对真叶时（约3个月后），进行移栽。经过5~6年的培育，植株开始开花并结果。

3.田间管理

荫蔽：对一至三年生幼树而言，荫蔽至关重要。行间可间种高秆作物（如玉米、木薯）提供遮阴，兼具防护作用和经济价值，实践“以短养长”。

除草：年度除草安排在7月、9月、10月，除草后用草覆盖植株周围，避免翻土伤根。林地杂草割除用于地面覆盖和绿肥，直至树冠茂密足以抑制杂草生长。

补苗：幼树阶段易受多种因素影响导致死亡，一旦发现缺苗，需及时补充同龄植株，确保种植密度。

排灌：幼树根系脆弱，需注意旱季淋水保湿，防干枯。开花结果期如遇干旱则须补水，雨季则须排水，防积水。

施肥：定植后年施2~3次肥，2—3月施稀人粪尿或尿素、硫酸钙、氯化钾。7—8月增施过磷酸钙或堆肥，注意量和距离以防腐烂根。10—12月施厩肥、过磷酸钙和草木灰。

培土：浅根系特性要求保护表土层，根露土须覆盖2~5cm肥沃土。

修枝：丁香树修枝量有限，主要为方便采花，修剪低矮分枝，去弱留强，保持主干直立，上部枝叶避免随意修剪，保持圆锥形树冠。

防风：在台风前用绳子和竹子固定幼树树干，减少损害，确保丁香园稳定成长。

4.病虫害防治

褐斑病：幼苗和成龄树都有发生，危害枝叶、果实。可在发病前或发病初期用1:1:100波尔多液喷洒；清洁田园，消灭病残株，集中烧毁。

红蜘蛛：危害叶片。防治方法为用0.2~0.3波美度石硫合剂喷杀，每5~7天喷1次，连续2~3次。

四 采收加工

采收时间：在花蕾未完全开放，香气浓郁时采收，通常在每年的3—5月。

采收方法：人工采摘花蕾，尽量保持其完整性。

加工：采收后的花蕾需迅速干燥，以保持其香气和色泽。

储存：干燥后的丁香花蕾应存放在干燥、通风、避光的环境中，防止受潮和虫蛀。

红花

红花属于菊科红花属，是一年生草本植物，具有通经活血、祛瘀止痛等功效。主产于四川、新疆、浙江、河南等地。

一 形态特征

株高：植株高度可达150cm。

茎：茎直立，上部分枝，光滑无毛。

叶：呈长椭圆形或卵状披针形，边缘有不规则的浅裂，裂片先端呈尖刺状，顶端有锐刺，叶两面光滑，深绿色，两面的叶脉均隆起。

花：椭圆形或卵状披针形。小花红色或橘红色，全部为两性，花期在5—8月。

果实：瘦果白色，倒卵形，通常有4棱，稍有光泽，一端截形，另一端较狭。

二 生长习性

光照：红花为长日照植物，喜温暖干燥、阳光充足的环境。

土壤：对土壤适应性强，耐贫瘠，但以排水良好、疏松、土层较厚、微酸性或中性砂质土壤最为适宜。

水分：耐旱怕涝，保持适度干燥有助于其良好生长。

温度：耐寒性较强，但要避免高温环境。

三 栽培技术

1.选地整地

选地：宜选地势高燥、排水良好、土层深厚、中等肥沃的沙壤土或黏质壤土种植。忌连作，前茬作物以豆科、禾本科作物为好。

整地：每亩施农家肥2 000kg，配施过磷酸钙20kg作基肥，耕翻入土，耙细整平，做成宽1.3~1.5m的高畦。在北方种植可不作畦，但地块四周须开好排水沟。

2.繁殖方法

种子处理：播前用50℃温水浸种10分钟，转入冷水中冷却后取出晾干待播。北方宜春播，南方则以秋播为主。

播种：条播行距为30～50cm，播后覆土2～3cm。穴播行距同条播，穴距为20～30cm，穴深6cm，每穴播种子5～6粒，播后覆土。每亩用种量条播为3～4kg，穴播为2～3kg。

3.田间管理

间苗、补苗：当幼苗具3枚真叶时进行，条播者按株距10cm间苗，穴播者每穴留壮苗4～5株。在苗高8～10cm时定苗，条播者按株距20cm定苗，穴播者每穴留壮苗2株。

中耕除草：一般进行3次。前两次结合间苗、定苗进行，锄松表土，第3次在植株封行前进行，同时结合培土。

追肥：结合间苗、定苗每次每亩追施人畜粪水2 000kg；抽茎分枝期至封行前再追施人畜粪水3 000kg，配施过磷酸钙20kg。现蕾前还可进行1～2次根外追肥，肥种为0.2%磷酸二氢钾溶液，如喷施米醋300倍液，也有明显的增产效果。

打顶：一般种植较稀，在肥沃土地上生长良好的植株，可去顶促其多分枝，当株高达1m左右时摘心即可。密植或生长在瘠薄地块上的植株不宜打顶。

排灌：出苗前、越冬期、现蕾期和开花期须保持田间湿润，遇干旱应及时浇水。如降水量大、气温升高，要及时挖沟排水。

4.病虫害防治

锈病：4—5月始发，低温高湿有利于发病，危害叶部。防治方法：选地势高燥地或高垄种植，用种子量0.4%的15%三唑酮拌种，增施磷、钾肥。

红花实蝇：5月始发，6—7月危害严重，以幼虫危害花头和嫩种子。防治方法：清洁田园，忌与白术、矢车菊等间套作，花蕾露白期用90%敌百虫800倍液喷施。

四 采收加工

采收时间：在盛花期，即5—8月，选择晴天早晨露水干后进行采收。

采收方法：整朵采摘花序，避免机械损伤，保持花朵完整。

加工：采收后应及时干燥，可采用自然晒干或低温烘干方式，防止花朵发霉或变色，保持其鲜艳色泽和药效成分。

储存：干燥后的红花需放置于通风干燥、避光防潮的环境中储存，防止虫蛀和霉变。

金银花

金银花属于忍冬科忍冬属，具有清热解毒、疏散风热等功效。主产于山东、河南、河北等地，全国大部分地区都有分布。

一 形态特征

茎：茎细长，中空，褐色至赤褐色，具有缠绕性。

叶：叶对生，卵形，边缘有锯齿，叶面暗绿色，叶背灰绿色，叶面和叶背均有柔毛和腺毛。

花：花朵初开时为白色，随后逐渐转变为黄色，故得名金银花。花为唇形，具有淡香，外被柔毛和腺毛，花期通常在夏季。

果实：成熟后形成小浆果，初期绿色，成熟后转为黑色。

二 生长习性

土壤：能在多种土壤中生长，但以排水良好、肥沃的砂质壤土为佳。

水分：喜湿润，但忌积水，需保持土壤微湿。

温度：适宜在温暖湿润的环境中生长，耐热也耐寒。

光照：需要充足的光照，但也能够适应半阴的环境。

三 栽培技术

1.选地整地

选地：对土壤要求不严，但以土层深厚、疏松肥沃的腐殖质土壤为好。

整地：栽前每亩施农家肥 4 000kg，深耕细耙，种子繁殖时，可做成宽 1m 的平畦，扦插繁殖时可不作畦。

2.繁殖方法

扦插繁殖：选择在夏季或秋季阴雨季进行。采用生长旺盛、无病虫害的 1~2 年生枝条，剪成长为 3~5cm 的插穗，摘除下部叶片。按行距 60cm、株距 15cm，挖 6cm 深穴，每穴插 5~6 根插条，斜立，留出露土部分 7~10cm。随插即填土压实，浇水，也可在扦插育苗后移栽。

种子繁殖：收集成熟果实，洗净去肉，取饱满种子晾干。翌年4月，将种子置于35~40℃水中温浸2小时，拌湿沙催芽。整地浇透水，土稍干后以行距20cm划浅沟，均匀撒种，覆土1cm，再盖草保湿。每亩用种子约1.5kg，播种后约10天出苗，秋季或翌春移栽，方法同扦插繁殖。

3.田间管理

中耕除草：栽植后及时中耕除草，初期深耕随后转为浅耕，避免损伤根系。

中耕培土：在每年春季早春或秋季封冻前进行培土作业，以防根部外露。

追肥：结合培土时，在花墩周围开浅沟施放肥料，覆土掩盖。以农家肥为主，适量配合化肥。多年生大花墩可施农家肥5~6kg、复合肥50~100g。采花后追一次肥有利于恢复。

整枝修剪：①定植初期：前两年基于原苗主干，保留2~4条健壮主干，摘顶梢，除去其余枝条，多次抹芽以促进主干增粗，塑造伞状株型。②定型后修剪：冬季修剪遵循“旺枝轻剪，弱枝重剪，枯枝全剪”原则，壮枝留8~10芽，弱枝留3~5芽，细弱枯病枝、缠绕枝、高枝全除。夏季轻剪，于前茬花采收后进行，壮枝轻剪顶梢促新枝萌发，弱、黄叶、遮光小枝全除。夏剪有利于二、三茬增产。

4.病虫害防治

褐斑病：发生于6—9月，尤以高温多湿时发病严重，危害叶部。防治方法为清除病枝落叶，增施磷、钾肥，提高植株抗病能力，发病初期用1:1:200波尔多液喷施。

咖啡脊虎天牛：5—6月始发，幼虫蛀食枝干，尤以五年生以上的植株受害严重。用糖醋液（糖:醋:水:敌百虫=1:5:4:0.01）诱杀成虫，7—8月释放天敌天牛肿腿蜂防治。

金银花尺蠖：6—9月发生，以幼虫啃食叶片。防治方法为在冬季清洁田园，发现幼虫则喷施BT乳剂。

四 采收加工

采收时间：一般在花蕾尚未开放时采收，通常在5—6月，早晨露水干后为最佳采收时机。

采收方法：整朵摘取花蕾，或带短花梗，动作要轻，避免损伤。

加工：采收后的金银花要及时干燥，可采用自然晒干或低温烘干等方式，避免高温破坏其有效成分。干燥过程中要勤翻动，确保均匀干燥。

储存：干燥后的金银花须放置在干燥、通风、避光的环境中保存，以防潮防虫，保持其药效和色泽。

菊花

菊花是菊科菊属的多年生宿根亚灌木，具有很高的药用价值，常用于清热解毒、明目等。主产于浙江、江苏、安徽、湖北、四川等地。

一 形态特征

茎：营养繁殖苗的茎分为地上茎和地下茎，地上茎高 0.2～2m，多分枝，幼茎色嫩绿或带褐色，表面有灰色柔毛或绒毛，开完花后地上茎大都枯死，次年春季由地下茎重新萌芽。

叶：叶为单叶互生，叶柄长为 1～2cm，叶形多样，可分为正叶、深刻正叶、长叶、深刻长叶、圆叶、葵叶、蓬叶和船叶等 8 类，边缘有缺刻及锯齿。

花：头状花序生于枝顶，直径 2～30cm，外围由绿色苞片构成花苞。花序上有两种类型的花：筒状花（花心）和舌状花（花瓣）。舌状花多形大色艳，形状分平、匙、管、桂、畸等 5 类。

果实：瘦果（种子）长 1～3mm，宽 0.9～1.2mm，上端稍尖，呈扁平楔形，表面有纵棱纹，褐色，内含一粒无胚乳的种子，果实成熟期为次年 1—2 月。

二 生长习性

温度：喜凉耐寒，生长适温为 18～21℃，最高耐受温度为 32℃，最低耐受温度为 10℃。

土壤：喜排水良好、富含腐殖质的沙壤土，耐微酸性到中性土壤，最忌积水。

光照：喜充足阳光，但也能耐受一定程度的阴凉。短日照促使花芽分化。

水分与肥料：耐干，施肥以磷钾肥为主，生长期间须保证充足肥料。

三 栽培技术

1.选地整地

选地：选择地势高燥、阳光充足、排水良好、肥沃的砂质壤土种植，pH 为 6.2～6.7 为宜。忌连作，低洼积水地不宜种植。

整地：每亩施农家肥 4 000kg、过磷酸钙 50kg、豆饼 40kg 作基肥，深翻 30cm，耙细整平，做成宽 1.2~1.5m 的高畦。供扦插用的苗床应选地势平坦、排水良好的沙壤土，并搭好荫棚，以备遮阴。

2.繁殖方法

分株繁殖：开花后选取健壮植株，根部覆盖粪土保温过冬。次年 4 月，揭开粪土，浇稀释粪水促进新枝生长。4—5 月，当苗高 15~25cm 时，选阴天进行。挖起根株，选择粗壮且须根多的幼苗，斩掉菊苗头，留下约 20cm 长，按 40cm 行距、30cm 株距开穴，深 6~10cm，每穴栽 1 株。覆土压实，及时浇水，确保成活。

扦插繁殖：4—5 月，选取粗壮、无病虫害新枝，截成 10~12cm 长。摘除下部叶，切斜面，蘸黄泥浆，以利于生根。株行距 8cm×15cm，扦插深度为插条的 1/2~2/3。插床不宜过湿，适宜生根温度为 15~18℃，盖稻草并搭荫棚保湿。20 天左右生根，30~35 天后苗高约 20cm，按分株繁殖法移栽田。

3.田间管理

中耕除草：初期进行较深的中耕除草，使表土干燥松散，促进根系深入土壤，同时控制水肥供给，实施蹲苗以抑制地上部分的快速生长。入伏后，随着根系发育，改用浅锄方式，避免损伤根系。

追肥管理：菊花需肥量大，整个生长期须追肥 2~3 次。第一次，在打顶时同步进行，每亩施稀释人粪尿约 1 000kg，并结合培土。第二次，现蕾前期，每亩施人粪尿约 2 000kg，配 15kg 过磷酸钙，或采用 2% 过磷酸钙水溶液根外追施，提升花朵数量和质量。

水分管理：缓苗后控制浇水，进入 6 月下旬后视干旱情况增加浇水量，特别是在孕蕾前后要确保充足的水分供应，追肥后及时浇水，并在雨季排涝，防止田间积水。

打顶：通常进行 1~3 次打顶，促进分枝，具体次数依据植株生长状况调整，首次在 6 月初进行，后续于 6 月底至 7 月上旬完成。高度修剪，首次打顶时剪去顶端 10cm，保留约 30cm 高度。

培土加固：第一次打顶后，结合中耕除草进行根际培土，土层厚度为 15~18cm，以稳固植株，防止倒伏。

4.病虫害防治

斑枯病：又名叶枯病，在 4 月中、下旬始发，危害叶片。发病初期摘除病叶，并喷施 1:1:100 波尔多液；收花后，割去植株地上部分集中烧毁。

枯萎病：6 月上旬到7 月上旬始发，开花后发病严重，危害全株并烂根。防治方法为选无病老根留种；轮作；做高畦，开深沟，降低湿度；拔除病株，并在病穴中撒石灰粉。

霜霉病：3 月始发，二次发病在 10 月，多雨时发病严重，危害地上部。种苗用 40% 三乙膦酸铝 300～400 倍液浸 10 分钟后栽种。

根腐病：根系腐烂，呈干腐或乱麻状，叶片枯黄凋萎，多发生在开花前后。防治方法为适当灌水，涝排旱灌，疏松土壤；用大蒜水灌注病株根部或施速效肥，也有一定的效果。

菊天牛：又名菊虎，5—7 月发生，以幼虫蛀食茎枝。可利用天敌进行防治，如赤腹茧蜂、姬蜂、肿腿蜂等；5—7 月，早晨露水未干前捕杀植株上的成虫。

四 采收加工

采收时间：菊花应在花蕾充分长大但未完全开放时采收，通常在秋季。

采收方法：整朵采摘，注意不要损伤花蕾。

加工：采后须立即处理，可干燥或制成花茶、花膏等。干燥方法包括自然风干和低温烘干，尽量保持花形完整，避免暴晒导致色泽和香气损失。

储存：干燥后的菊花应存放在干燥、通风、避光的环境中，防止受潮和虫蛀，以保持其品质和药效。

辛夷

辛夷是木兰科植物的干燥花蕾，具有通鼻窍、散风寒、治牙痛等功效。主产于河南、湖北、陕西等地，在安徽、四川、甘肃等地也有分布。

一 形态特征

树体：落叶灌木或小乔木，高可达 3～4m，干皮灰白色或灰色，有纵裂。小枝通常呈绿紫色或淡褐紫色，平滑无毛。

叶：叶为椭圆状倒卵形或倒卵形，叶面光滑，边缘全缘。

花蕾：花蕾卵圆形，表面被淡黄色绢毛，这是其作为药材的重要特征。

花与果：花大，纯白色，有浓郁香气，聚合果呈深紫褐色至褐色，圆柱形，成熟时开裂。

生长环境：花期为 3—4 月，果期为 8—9 月。

二 生长习性

气候：喜温暖湿润的气候，能耐寒、耐旱，但忌积水。

光照：需要充足的阳光，但幼苗期需避免强光直射。

土壤：对土壤要求不严格，但以肥沃、排水良好的微酸性沙壤土为佳。

耐寒性：在 -15℃的低温下仍能露地越冬，适合在海拔 300~1 600m 的山坡林缘生长。

三 栽培技术

1.选址与整地

选地：根据其生长习性特点，育苗地宜选阳光较弱、温暖湿润的环境，土壤以疏松肥沃、排水良好的沙壤土为好。

整地：翻耕约 30cm，施足腐熟堆肥，整平耙细，做成宽 1.5m 左右的畦。栽植地宜选阳光充足的山地阳坡或在房前屋后零星栽培，最好大面积成片栽培，以便管理。栽前宜深耕细耙，施足基肥，修建沟渠，以利排灌。

2.繁殖方法

种子繁殖：选健壮植株的种子作母种，于 9 月上、中旬将采收的成熟种子与粗沙混拌，反复搓揉，使其脱去红色油脂层，用清水漂洗晾干后拌细湿沙进行低温处理。一般选背风向阳处，挖池拌 2~3 倍种子量的细沙，覆草保湿，经常检查，保持湿润，待种子裂口露白时，及时播入育苗床。可按行距 30cm 开沟，沟深 3cm，播后少许覆土，保持湿润 1 个月左右即可出苗，沙藏期注意防积水与霉变。2 年后，当幼苗高 80~100cm 时即可移栽，苗木随起随栽。

嫁接：整个生长季均可嫁接，但以 5 月下旬嫁接成活率最高，产区多采用芽接法。接穗宜选发育良好、生长壮实、芽呈休眠状、无病虫害的枝条，以一年生接穗为好，砧木与接穗应粗细相当。选天气晴朗、无风或微风下午嫁接，嫁接时将芽片插入砧木切口处，使芽片与砧木皮层贴紧，用绳扎牢，半个月即可出苗。

扦插育苗：选二年生以上的枝条，截成 60cm 左右的枝条，去除叶片，于夏、秋阴雨天扦插于湿润苗床上，入土 20~30cm，压实浇水，即可成活，翌年可移栽。

3.田间管理

中耕除草：移栽后的几年里，应于夏、冬两季中耕除草，并于基部培土，除去基部萌蘖苗。

施肥：辛夷喜肥，宜于2月中旬每亩施由2 000kg农家肥与100kg过磷酸钙堆沤成的复合肥，于株旁开穴施下，夏季摘心后与冬季都应施农家肥。

整形修剪：辛夷幼树生长旺盛，必须及时修剪，否则易造成郁闭，内部通风透光不良，影响花芽形成。当定植苗高1.0~1.5m时打顶，主干基部保留3~5个主枝，避免重叠，以充分利用阳光。基部主枝宜与主干保持20cm左右的距离，利于矮化树冠，便于采摘。每主枝保留顶部枝梢，侧枝保留25cm左右，保留中短花枝，打去长势旺的长枝。树冠整成伞状，内部通风透光。为使翌年多产，新果枝宜于8月中旬摘心。

4.病虫害防治

立枯病：4—6月多雨时期易发，危害幼苗，基部腐烂。苗床整平，排水良好；进行土壤消毒处理，每亩可用15~20kg硫酸亚铁，磨细过筛，匀撒于畦面；拔除病株，立即烧毁。

根腐病：主要危害幼苗。一般于6月上旬开始，7—8月发病严重。严格检疫，严禁采用有病苗木造林；发现病株及时挖除烧毁，并用石灰消毒病穴。

虫害：苗期有蝼蛄、地老虎等危害嫩茎，生长期主要有刺蛾、蓑蛾等危害。防治的方法有人工捕杀，培育和释放天敌。

四 采收加工

采收时间：一般在早春花蕾未开放之前采摘，此时药效最佳。

采收方法：剪去枝梗，保留完整花蕾。

加工：将采下的花蕾迅速干燥，可采用自然风干或低温烘干的方式，避免高温破坏有效成分。

储存：干燥后的辛夷花蕾应放置于干燥、通风、阴凉处储存，防止受潮、霉变或虫蛀。

第六章

菌类中药材栽培

因地制宜
种植课堂
市场动向
电子书籍

跟“码上”查看

灵芝

灵芝属于多孔菌科真菌，具有增强免疫力、抗肿瘤、止咳平喘等功效。产地分布较广，但以南方各省区为主。

一 形态特征

菌盖：呈伞状，形态多样，可为肾形、半圆形或近圆形，表面具有光泽，颜色从红褐色到深棕色不等，有环纹或辐射状棱纹。

菌柄：有的品种有较短的柄，有的则几乎无柄，直接附着在基物上。

菌肉：菌肉呈木质或纤维质，颜色较浅。

菌孔：菌盖下面有管状结构，即菌孔，通过这些孔释放孢子。

二 生长习性

温度：灵芝属于高温型菌类，适宜生长温度为15~35℃，最适生长温度为25~35℃。

湿度：菌丝生长期要求空气相对湿度为70%~80%，籽实体发育期要求湿度为90%~95%。

光照：不需要阳光直射，散射光即可。

通风：需要良好的通风环境。

基质：灵芝是木腐菌，喜在疏松、肥沃、透气性好的土壤中生长，可用杂木屑、棉籽壳等作为培养基质。

三 栽培技术

1.繁殖方法

主要用无性繁殖。在更新菌种和培养优良母种时，可用担孢子进行繁殖。人工栽培灵芝的方法有瓶栽、段木栽及露地栽，但以瓶栽为主。

2.菌种准备

材料准备：选取野生或人工栽培的灵芝籽实体，确保其新鲜且处于活跃的生长发育阶段。

表面消毒：使用75%乙醇对籽实体表面进行消毒处理，以去除可能存在的杂菌。

无菌操作：在无菌条件下，将消毒后的籽实体切成大小为3~5mm²的小块，通常取5块左右。

接种培养：将这些小块分别放置在平板培养基上或单块放置于试管斜面培养基上。培养条件为25~28℃，经过3~4天的培养，可见组织周围有白色菌丝生长。

挑选纯化：选择纯净无杂的菌丝体部分，转移到新的斜面培养基上继续培养，大约5天后即可得到灵芝母种。

扩繁：每支母种可以进一步转接到20支新的斜面培养基上，作为原种进行扩大培养。

培养基配方：推荐的培养基成分包括煮沸马铃薯去渣液（马铃薯200g切片煮半小时）、蔗糖20g、磷酸二氢钾3g、硫酸镁1.5g、维生素B_1 10mg、琼脂20g以及水1 000ml。如果不用马铃薯，可以用50g麦麸替代，并且可以省略维生素B_1。另外，也可以使用PSA（马铃薯蔗糖琼脂）或PDA（马铃薯葡萄糖琼脂）等通用培养基。

3.瓶栽灵芝

制备培养基：以锯木屑和麦麸按3:1的比例混合，优选硬质阔叶树木屑，亦可选用蔗渣、棉籽壳或玉米芯渣等替代。混合均匀后加水，至手握材料时指缝间能有水但不滴落的状态。将调制好的培养料装入750ml广口瓶或专用蘑菇瓶，装填至离瓶口3~5cm处，中间预留孔洞以助灭菌和菌丝扩散。密封瓶口并灭菌，条件为在11.76×10^4Pa压力下灭菌1小时。同时，制作麦麸种子皿，灭菌条件相同。

接种：在无菌环境下，从斜面培养的原种中挑取带培养基的小块菌丝，植入麦麸皿中央，培养一周至菌丝布满全皿。利用培养皿中的菌丝块接种到培养瓶的孔洞中，或直接使用斜面原种及成熟菌丝体接种。每个麦麸皿菌丝可接25~30瓶。

培养：需两个阶段和对应培养室。第一阶段，温度24~30℃，无光照，瓶子竖放，促进菌丝生长，约10天后出现籽实体原基。第二阶段，移至第二个培养室，温度24~28℃，湿度75%~85%，提供散射光和适度通风，促进灵芝菌盖形成和担孢子产生。瓶子横放，换气需缓慢以防温差过大导致畸形。

4.病虫害防治

杂菌：有青霉、毛霉及根霉，有时还有曲霉污染，在无菌操作不严或高温高湿的第2个培养室久不换气时易出现。培养基灭菌要彻底，严格无菌操作；适当通风降低相对湿度；轻度感染的可局部清除后重新灭菌再接种，严重者则淘汰。

蕈蚊：可用浸透敌敌畏的纱布条挂于室内熏蒸。

四 采收加工

采收时间：灵芝成熟时，菌盖边缘开始上卷，孢子即将释放时为最佳采收时机。

采收方法：使用锋利工具将灵芝从基质上切割下来，注意不要损伤菌体。

加工：采收后，可将其晾干或使用烘干设备干燥，保持干燥、通风的环境，直至完全干燥。

储存：干燥后的灵芝应放置在干燥、通风、阴凉处保存，避免潮湿和虫蛀。

茯苓

茯苓是一种寄生在树木根部的真菌，具有利水渗湿、健脾宁心等功效。主产于云南、广西、福建、安徽及河南、湖北等地。

一 形态特征

菌核：茯苓的主体部分是一个或多个不规则块状的菌核，外观通常为浅褐色至暗棕色，表面凹凸不平，质地坚实而轻。菌核内部呈白色，质地松软，易碎裂。

籽实体：茯苓的籽实体不明显，不像其他蘑菇那样形成明显的伞状结构，而是以菌丝体和菌核形式存在，主要在地下或朽木中生长。

二 生长习性

环境：茯苓偏好温暖湿润的环境，通常生长在海拔较低的山林地区，特别是在有一定湿度和足够氧气的土壤中。

寄主：茯苓为腐生真菌，常寄生于松树、栎树等植物的根部或朽木上。

季节：适合在春末夏初种植，生长周期较长，需要 2~3 年才能收获。

三 栽培技术

1.选择场地

多选海拔 600~900m 的山坡，在背风向阳，排水良好，中性或微酸性的砂质土壤地块栽培。

2.备料

于头年秋、冬砍伐马尾松，砍后剃枝，并依松木大小将树皮相间纵削为3~10条。削面3cm宽，深入木质部0.5cm，使松木易于干燥并流出松脂。不削的皮叫筋，便于菌丝传引生长。当松木断口停止排脂时，锯料长度为65~85cm，细木料可长些，但最长不超过90cm。将锯好的段木运往栽培地附近通风透光处堆放备用。

3.菌种准备

菌种也叫引子，分菌丝引、肉引和木引。现多用菌丝引。

菌丝引：这是目前较为常用的茯苓菌种类型，通过人工纯培养获得。菌丝引的制作首先需要采用组织分离法从新鲜、成熟的茯苓菌核中分离出菌丝，经过一系列无菌操作，将菌核表面消毒后切割成小块，接种到特定的培养基上，比如含有马铃薯、蔗糖、琼脂、尿素等成分的培养基上，在适宜的温度下培养，让菌丝生长并纯化。当菌丝长满培养基后，就可以作为母种，进一步扩繁为原种和栽培种。

肉引：这是一种传统的菌种形式，直接使用新鲜茯苓的切片作为种子。选材时，要求茯苓皮色紫红、内白、浆汁充足、坚实、近圆形且有裂纹，以重量约为2kg的茯苓为佳。肉引虽直接，但可能携带杂菌，不如菌丝引纯净。

木引：木引是将肉引接种到处理过的松木料上，通过肉引的菌丝在木料上生长，形成接种材料。适合木引的木料通常是质地松软的幼树干或枝条，接种后待菌丝在木料中充分生长，再选取黄白色、筋皮下有明显菌丝且散发茯苓香气的木引用于栽培。木引虽然产量较低，但能够实现菌种的复壮和循环使用，尤其在老产区仍有应用。

4.接种和管理

菌丝引接种：选晴天，将窖内中段木、细段木的上端削尖，然后将栽培种瓶或袋倒插在尖端。接种后及时覆土3cm。也可把栽培种从瓶中或袋中倒出，集中接在段木上端锯口处，加盖一层木片及树叶，覆土。

肉引接种：据段木粗细采取上二下三或上一下二分层放置。接种时用干净刀剖开苓种，将苓肉面紧贴段木，苓皮朝外，边接边剖。接种量据地区、气候等条件而定，一般50kg段木用250~1 000g苓种。

木引接种：将选作种用的段木挖出锯成两节，一般窖用木引1~2节。接种时把木引和段木头对头接拢即可。

接种季节随地区而异，气温高的地区在4月上旬进行，气温低则可于5月上旬至6月接种。接菌后3~5天菌丝萌发生长，蔓延开要10天。此期要特别防范白蚁危害。接种后3~4个月可结苓，结苓时不要撬动段木，以防折断菌丝。结苓期茯苓生长快，地面常出现裂缝,应及时补土填缝并除去杂草。

5.病虫害防治

黑翅大白蚁:蛀食松木段,使之不长茯苓而严重减产。防治方法为选苓场时要避开蚁源;清除腐烂树根;苓地周围挖一道深 50cm、宽 40cm 的封闭环形防蚁沟,沟内撒石灰粉或将臭椿树埋于窖旁;引进白蚁天敌蚀蚁菌;在苓场四周设诱蚁坑,埋入松木或蔗渣,诱白蚁入坑,每月检查 1 次,见蚁就杀死。

茯苓虱:成虫、若虫群集潜栖在茯苓栽培窖内,刺吸蛀蚀菌种、菌丝层及菌核内的汁液,受害部位出现变色斑块,并携带霉菌,招致病害,影响茯苓菌种成活及菌核生长。尽量远离、回避茯苓虱越冬繁衍的场地;接种后立即用尼龙网将栽培窖面掩罩,然后覆土;茯苓虱多群聚于培养料菌丝层附近,采收季节可在采收菌核的同时,用桶收集虫群,然后用水溺杀,减少虫数;菌核成熟后要全部挖起,采收干净,并将栽培后的培养料全部搬离栽培场,切忌将腐朽的培养料堆弃在原栽培场内,使茯苓虱继续滋生、蔓延。

四 采收加工

采收时间:一般在种植后的第 2~3 年,夏季 7—9 月,当菌核充分成熟时进行采收。

采收方法:小心挖掘,避免损伤菌核,同时清理掉附着的泥土。

加工:采收后洗净,切成薄片或块状,自然晒干或使用烘干设备干燥,确保干度达到标准,防止霉变。

储存:干燥后的茯苓应置于干燥、通风、阴凉处储存,防潮防虫。

猪苓

猪苓是一种重要的药用真菌,属于非褶菌目多孔菌科树花属,具有利水渗湿等作用,近年发现其对乙型肝炎有一定疗效。自古以来猪苓都靠采挖野生种供药用,近年山西、陕西、甘肃等地相继把野生种变家种,且获得成功。

一 形态特征

菌核:地下部分形成块状或不规则形状的菌核,表面黑色、棕黑色或黑褐色,有瘤状突起及皱纹,内部近白色或淡黄色,质地硬而韧,由众多白色菌丝交织而成,直径约 2～6cm。

籽实体：地上部分的籽实体呈伞形或伞状半圆形，直径可达 5～15cm，常多个合生，表面深褐色，有细小鳞片，中部凹陷，边缘有细纹呈放射状，孔口微细，近圆形，担孢子广卵圆形至卵圆形。

二 生长习性

环境偏好：猪苓喜冷凉、阴湿环境，怕干旱，常与枫树、桦树、槌树等树木的根际形成共生关系，借助密环菌共同生长。

海拔与土壤：野生猪苓主要分布在海拔 1 200～1 600m 的山坡上，偏好富含有机质的腐殖土。

水分：适宜的湿度是其生长的关键，常于雨后或清晨地表微干时被发现。

三 栽培技术

1.培养菌枝、菌材与菌床

培养菌枝：选直径 1～2cm 的阔叶树枝条或砍菌材时砍下的枝条用来培育菌枝。一年四季都可培养，但以 3—8 月为好。北方地区应在 4 月中旬至 6 月初进行。南方气温高，在 3 月下旬至 5 月初开始培育。先将树枝削去细枝、树叶，斜砍成 7～10cm 小段，然后将树枝浸泡在 0.25% 硝酸铵溶液中 10 分钟，以便蜜环菌生长。挖深 30cm、长 60cm、宽 60cm 的坑，先在坑底平铺一薄层树叶，然后摆放两层树枝，覆盖一薄层腐殖土（以盖严树枝为准）。采挖野生蜜环菌索，或选无杂菌污染已培养好的菌枝或菌材用作菌种，摆在树枝上，覆土后在菌种上再摆两层树枝，用相同方法培养 6～7 层，最后覆土 6～10cm，并覆一层树叶保湿。需培养 40 天左右。

培养菌材及菌床：一般阔叶树都可用来培养蜜环菌，但以木质坚实的壳斗科植物为佳，如槲栎、板栗、栓皮栎等树种。选择直径 5～10cm 的树干，锯成 40～60cm 长的树棒，在树棒上每隔 3～5cm 砍一鱼鳞口，砍透树皮，至木质部。

培养菌材：挖深 50～60cm 的坑，大小据培养菌材数量而定，一般以 100～200 根树棒为宜。底铺一层树叶，平摆树棒一层，两根树棒间加入菌枝 2～3 段，用土填好空隙，用此法摆放 4～5 层，顶上覆土 10cm 厚。

培养菌床：一般在 6—8 月培养菌床。挖深 30cm、长 60cm、宽 60cm 的坑，坑底先铺一薄层树叶，摆新鲜木材 3～5 根，棒间放菌枝 2～3 段，盖一薄层沙土，用此法培养上层。穴不宜过大，每穴 5～10 根菌材为宜，然后盖土 10cm。

2.栽培方法

选种：猪苓用菌核作种，以灰褐色，压之有弹性，断面菌丝色白、嫩的鲜苓作种。白苓栽后腐烂，不能作种。黑苓生殖能力差，也不宜作种。

菌材伴栽：挖边长 50cm、深 40cm 的穴。穴厚铺一层树叶，放入 3 根已培养好的菌材，材间间隔 2~3cm，将作种菌核放在菌材之间蜜环菌旺盛的地方，用树叶填满菌材间空隙，依法摆放土层，再盖一层树叶，上面覆土 10cm。

固定菌床栽培：栽培时挖开已培养好的菌床，取出上层菌棒、下层菌材不动，在材间接入菌核后，用树叶填满材间空隙，用菌材伴栽法栽上层，覆土 10cm。

3.病虫害防治

猪苓较容易感染杂菌，有时还会遭白蚁、鼠类等啃咬。防治方法：栽培前在窖内均匀撒放药剂防治鼠害；覆盖在栽培窖顶部的树枝、树叶、杂草、秸秆等宜喷施 90% 敌百虫 1 000 倍液杀虫；收获猪苓时须更换有杂菌的树棒、菌枝、菌材，并用高锰酸钾溶液浸泡 5 小时以上；白蚁可用白蚁粉拌土诱杀；栽种猪苓每一生长周期结束，猪苓收获后更换一次穴位；栽培点宜为远离人口聚集区、自然生态环境良好的区域，可设置隔离设施，以免遭到人畜破坏。

四 采收加工

采收时间：一般在栽培后 1~3 年，当菌核达到一定大小(长度 5~25cm，直径 2~6cm)时进行采收。

采收方法：小心挖掘，避免损伤菌核，同时尽量不破坏共生的生态环境。

加工：采收后去除表面杂质，清洗干净，然后通过自然晾干或烘干使其含水量达标，确保干燥均匀，以防霉变。

储存：干燥的猪苓应储存在干燥、通风、避光的环境中，以保持其药效和延长保质期。

猴头

猴头属担子菌纲、无隔担子菌亚纲、多孔菌目、齿菌科，是我国名贵的食用菌，素有山珍之誉。对胃溃疡、十二指肠溃疡、慢性胃炎以及食管癌均有较好疗效。全国大多数地区都可培养，其中规模较大的是上海、浙江、江苏、吉林等地。

一 形态特征

籽实体：呈块状、扁半球形或头状，肉质，直径通常在 5~15cm，新鲜时为白色，干燥后转为褐色或淡棕色。基部狭窄或有短柄。

菌刺：籽实体表面密布菌刺，这些菌刺呈圆筒形，长度为 1~5cm，直径 1~2mm，下垂覆盖整个籽实体，表面布满籽实层。

孢子：孢子无色透明，球形或接近球形，大小为（6.5~7.5）μm×（5~5.5）μm，着生于菌刺表面的籽实层担子上。

二 生长习性

环境：猴头菇偏爱温带至亚热带气候，喜欢在湿润、通风良好、光线散射的环境中生长。

基质：野生状态下常生长于阔叶树或针叶树的枯死部位，人工栽培时可选用木屑、玉米芯、麸皮等作为培养基质。

温度：最适生长温度范围为 15~25℃，不同生长阶段对温度需求有所不同。

湿度：要求空气相对湿度较高，一般在 85%~95% 为宜。

三 栽培技术

1.培养基制作

①棉籽壳 78%，谷壳 10%，麦麸 10%，石膏粉 1%，碳酸钙 1%。

②棉籽壳 100%，或另加 1% 石膏粉。

③甘蔗渣 78%，麦麸 10%，米糠 10%，石膏粉 2%。

④锯木屑 78%，米糠 10%，麦麸 10%，石膏 2%。

⑤玉米芯 78%，麦麸 20%，蔗糖 1%，石膏 1%。

2.栽培方法

瓶栽：选择配方进行配料，然后装瓶，培养料装至距瓶口 2cm 左右处，中部打接种孔。采用两点接种法，即接种孔及料表面，以便上下同时发菌，使瓶内菌丝生长均匀，出菇大，产量高。

袋栽：具有降低生产成本、简化栽培工具的优点。与瓶栽相比，生长周期可缩短 15 天左右。目前国内袋栽猴头菌有袋口套环栽培法和卧式袋栽法两种方式。

袋口套环栽培法：采用长 50cm、宽 17cm、厚 0.06mm 的聚丙烯塑料袋做容器。培养料含水量要比瓶栽低一些。装料时逐渐压实，然后在袋口套上塑料环，代替瓶口的作用。再用聚丙烯薄膜或牛皮纸封口，灭菌接种。

卧式袋栽法：将长 50cm 的聚丙烯塑料膜做成筒形袋。装料后两头均用线扎口，并在火焰上熔封。用打孔器在袋侧面等距离打 4~5 个孔，孔径 1.2~L5cm，孔深 1.5~2.0cm，将胶布贴在接种孔上，然后灭菌接种。

3.栽培管理

菌丝培养：培养温度为 25~28℃，瓶栽 20 天左右菌丝可以发到瓶底。袋栽培养 15~18 天，即两个接种穴菌丝开始接触时，应揭除胶布，以改善通气状况，约 1 个月后袋内长满菌丝。

出菇管理：当菌丝长至料中 2/3、原基已有蚕豆粒大小时开始催蕾。瓶要竖立并去掉封口纸，盖上湿报纸，保持空气湿度 80% 左右，50~400 勒克斯微弱散光，通风良好，温度调至 18~22℃。

籽实体发育期：当幼菇长出瓶口 1~2cm 高时便进入出菇期管理。室温 18~22℃，空气湿度 85%~90%，切忌直接向籽实体喷水，否则会影响菇的质量。

4.病虫害防治

病害：发菌期间和生长期间发现感染杂菌菌袋，一律用蘸有杀菌剂的布条掩盖感染处，将菌袋搬离生产区进行深埋或者将感染部位挖出后深埋。

虫害：以预防为主，大棚周围杂草及其他垃圾要清理干净，棚周撒生石灰，通风口放置蘸有杀虫剂的布条或棉球。防虫，防菌蚊和菌蝇。

四 采收加工

采收时间：在猴头菇的菌刺尚未完全展开，且籽实体洁白、肉质饱满时采收，通常在籽实体成熟但孢子未大量释放时为佳。

采收方法：用干净的剪刀或手轻轻剪断籽实体基部，避免损伤。

加工：采收后可自然晾干或使用烘干设备干燥，干燥过程中要控制温度，避免高温破坏其营养成分。

储存：干燥后的猴头菇需存放在干燥、通风、避光的环境下，以防虫蛀和霉变。

第七章

皮类中药材栽培

因种市电
地植场子
制课动书
宜堂向籍

跟"码上"查看

丹皮

丹皮，即牡丹的根皮，主要指芍药科植物牡丹的干燥根皮。牡丹是一种落叶灌木或小乔木。

一 形态特征

植株：高度可达 2m，枝条粗壮，小枝有时呈紫褐色。

叶片：叶片为 2 回 3 出复叶，顶生小叶宽卵形，边缘有锯齿。

花朵：花单生于枝顶，花瓣大，色彩丰富，包括玫瑰色、红紫色、粉红色至白色，雄蕊多数，花期通常在 5—6 月。

果实：长圆形，成熟时密生黄褐色硬毛。

二 生长习性

环境：喜温暖湿润气候，耐寒、耐旱，但怕高温，怕涝，忌强光。

土壤：适宜生长在上层深厚、排水良好、肥沃疏松的砂质壤土或粉沙壤土中，不耐盐碱和黏土地。

光照：需向阳环境，光照充足但避免烈日直射。

分布：主要分布于湖南、湖北、安徽、四川、甘肃、陕西、山东、贵州等地，其中安徽铜陵凤凰山所产的丹皮质量最佳，称为凤丹皮。

三 栽培技术

1.选地整地

选地：选择向阳干燥、土层深厚、排水良好的砂质壤土，4～5 年内不可连作。地下水位高的地段，以及盐碱地、黏土地均不宜种植。

整地：深翻 60cm，充分风化后每亩施有机肥 4 000kg，整细耙平后作畦，畦宽 1.5m，畦面呈龟背形，开沟排水畅通。

2.繁殖方法

可采用种子繁殖、分株繁殖及嫁接繁殖三种繁殖方法。

种子繁殖：繁殖系数大，但成苗时间长，不能保持亲本的优良性状。育苗移栽，种子在冬季低温下解除下胚轴休眠，第二年春天即可出苗，按行距 20cm、株距 6cm 条播，覆土 3cm 后畦面盖草；直播一般采用育苗移栽，株行距与育苗移栽时株行距相同。直播的优点是根茎长而直，可获得较好的产量。

分株繁殖：选 4~5 年生的健壮母株，在收获时挖起全株，剪下大、中根入药，从容易分株的地方剪成 2~4 株，9—11 月即可移栽，以早栽为好。种前土深翻 60cm，每亩施基肥 6 000kg，开沟分畦，株行距 25cm×35cm，每穴栽种 1 株，覆土 3~4cm。

嫁接繁殖：此法能保持母株的优良性状。秋季选取 5~6 年生根砧，长 15cm、直径 2~3cm，将根砧掘出置于阴凉处 2~3 天，变软后使用。接穗要取生长充实、光滑、节间短的当年生枝，有 1~2 个充实饱满的芽。砧木与接穗形成层紧密结合后，用麻皮等物捆绑。

3.田间管理

开春后结合除草中耕 2~3 次，要避免伤根。冬季培土以利于根部生长。移栽时每亩施厩肥或堆肥 3 000kg。春秋两季均可施肥，一般每亩施饼肥 150kg，要防止污损叶片。每年春天都要在现蕾后摘去花蕾，以利于长根，留种、售花等特殊用途者除外。夏季去除土芽，秋季修剪定干。

4.病虫害防治

灰霉病：为害叶、茎、花各部位。叶片被害后呈紫褐色或褐色病斑，具轮纹。茎被害后呈暗褐色凹陷、软腐，植株曲折倒伏，花和花蕾被害后变褐软腐。防治方法为选用无病枝芽和根苗，栽植前用嘧霉胺 300 倍液浸泡 15 分钟，适时中耕与施肥，注意田间通风透光。发病初期喷 70% 甲基托布津 800 倍液、50% 灰霉特 600 倍液或 50% 代森锰锌 500 倍液防治 2~3 次。

叶霉病：叶片初生紫褐色斑点，后扩大成 2~3cm 的病斑，边缘不明显，中央色淡，并生有墨绿色煤烟状霉层。冬季清除田间残株落叶集中烧掉。发病期选喷 1:1:100 波尔多液、50% 代森锰锌 500 倍液或 50% 扑海因 1 000 倍液，每 10~15 天喷 1 次。

四 采收加工

采收时间：一般在秋季或次年初春采挖，选择栽培 4~5 年的牡丹。

方法：挖取根部后，洗净泥土，剥取根皮。

加工：刮去外皮的称为刮丹皮（粉丹皮），不刮皮的为原丹皮（连丹皮）。将根皮晒干入药，以条粗长、皮厚、粉性足、香气浓、含有较多结晶状物质者为佳品。

肉桂

肉桂是樟科樟属的一种常绿乔木，肉桂因其独特的香气和药用价值，在烹饪和传统医学中都有广泛应用。主产于广西、广东、福建、浙江、湖南和江西等地。

一 形态特征

树体：中等大小乔木，树皮灰褐色，随着树龄增长，树皮逐渐增厚并呈现特有的卷曲状。

叶片：叶互生或近对生，长椭圆形至近披针形，革质，边缘内卷，绿色有光泽，叶柄粗壮。

花果：圆锥花序腋生或近顶生，花小，白色，果实椭圆形，成熟时呈黑紫色，无毛，果托浅杯状。

二 生长习性

气候：喜温暖湿润气候，最适宜的生长温度为26～30℃，无法耐受霜冻，0～5℃低温下未见冻害。

水分：需湿润环境，但忌积水，要求雨量充沛，相对湿度70%以上。

光照：幼苗喜阴，成年树需较多阳光。

土壤：偏好土层深厚、排水良好、通透性强的沙壤土或壤土，pH值4.5～6.5的微酸性或酸性土壤最适合其生长。

三 栽培技术

1.选地整地

选地：苗圃地宜选排水良好、湿润肥沃、土层深厚、疏松的砂质壤土。坡向宜朝东南方，接近水源，以利干旱时抗旱。

整地：经2～3次犁耙，同时施入厩肥或堆肥等有机肥料，然后做成宽1.0～1.2m、高15～20cm的高畦。

2.繁殖方法

播种育苗：播种最好随采随播。播前种子用 0.3% 甲醛浸种 30 秒。采用点播，行距 20～25cm，株距 6～9cm，覆土 2cm 左右。每亩播种量为 16～18kg。床面覆草保湿，每隔 4～5 天浇水 1 次。播后 20～30 天发芽出土后即可揭草，随即进行搭棚遮阴。一年生苗高 20cm、地径 0.5cm 以上即可造林。

萌蘖促根法育苗：此法专供栽培大树所需的苗木。4 月上旬先在萌芽株中选择一至二年生、高 1.5～2.0m、直径 2.0～3.5cm 的萌蘖，在紧接地面处进行割皮处理，随即培土，促进生根，1 年后即可移栽。

造林：造林时间以春分前后为宜。每亩施猪粪 500kg、过磷酸钙 50kg。矮林作业株距为 1.0～1.2m，行距为 1.2～1.5m，乔木林作业则株行距为(4～5)m×(5～6)m，栽植穴规格为 50cm×50cm×40cm。

3.抚育

苗木定植后，要及时覆盖遮阴，栽后 2～3 年内可进行林粮间作或种植遮阴作物。夏、秋季注意锄草，冬季进行追肥。通过加强抚育管理，5 年即可采剥桂皮。

4.病虫害防治

根腐病：梅雨季节，在排水不良的苗圃地表现严重。防止积水，及时发现病株并拔除烧毁，以生石灰消毒畦面。

肉桂木蛾：肉桂的主要害虫之一。用白僵菌喷粉防治，结合剪枝剪除被害枝。

肉桂褐色天牛：幼虫危害树干。夏、秋季将铁丝插入树干幼虫蛀孔内，刺死幼虫；4 月初对成虫进行人工捕杀。

四 采收加工

采收时间：多于秋季，选择栽培 5～10 年的树进行剥皮。

方法：剥取树皮和枝皮，通常是在树干下部进行环剥，以促进新皮生长。

加工：剥下的树皮须晒干或阴干，干燥过程中树皮会卷曲成筒状。干燥后的肉桂皮呈浅槽状或卷筒状，外表面灰棕色，内表面棕红色，有典型的香气和味道。

储存：干燥后的产品应存放在干燥、通风、避光的地方，以防潮湿和虫蛀。

杜仲

杜仲为杜仲科杜仲属的落叶乔木，具有补肝肾、强筋骨、促进伤口愈合、安胎、降血压等功能。主产于四川、湖北、湖南、贵州、云南等地。

一 形态特征

树体：高可达 20m，胸径可达 50cm，树冠圆球形。

树皮：树皮深灰色，表面有浅裂纹，折断时可见银白色胶丝，富含胶质。

枝叶：小枝光滑，黄褐色或较淡，叶片互生，椭圆形或卵形，长 7~15cm，宽 3.5~6.5cm，边缘有锯齿，幼叶上面有柔毛，老叶渐变为光滑，叶柄长 1~2cm。

花与果：花单性，雌雄异株，花期在 4—5 月，与叶同时或先叶开放，生于一年生枝基部的苞片腋内，无花被；雄花有雄蕊 6~10 枚；雌花有裸露而延长的子房，内含一粒种子。翅果卵状长椭圆形，扁平，先端下凹，内含种子一粒，果期在 9 月。

二 生长习性

环境：杜仲喜温暖湿润气候，耐寒、耐旱，适应性强，能在多种土壤中生长，但以土层深厚、肥沃、排水良好的沙壤土最佳。

光照：需要充足的阳光，但也能耐一定程度的荫蔽。

水分：对水分需求适中，不耐积水。

三 栽培技术

1.选地整地

选地：选土层深厚、疏松肥沃、土壤酸性至微碱性、排水良好的向阳缓坡地。

整地：播种前每亩施 3 500~4 000kg 有机肥作基肥，翻耕耙细后做平畦。

2.繁殖方法

种子繁殖：选择新鲜、饱满、黄褐色有光泽的种子，在 11—12 月或 2—3 月，平均气温超过 10℃时播种。冬季直接播种，春播需层积处理或温水浸种（水温 20℃，2~3 天，每天换水）。实施条播，行距 20~25cm，每亩 8~10kg 种子。播种后覆草保湿，幼苗出土去草，保持土壤湿润，每亩产苗 3 万～4 万株。

嫩枝扦插繁殖：在春夏之交剪取一年生嫩枝，剪成长 5～6cm 的插条，插入苗床，入土深 2～3cm，在土温 21～25℃下，经 15～30 天即可生根。

根插繁殖：在苗木出圃时，修剪苗根，取径粗 1～2cm 的根，剪成 10～15cm 长的根段进行扦插，粗的一端微露出地表，在断面下方可萌发新梢，成苗率可达 95% 以上。

压条繁殖：春季选强壮枝条压入土中，深 15cm，待萌蘖抽生高达 7～10cm 时，培土压实。经 15～30 天，萌蘖基部可发生新根。深秋或翌春挖起，将萌蘖一一分开即可定植。

嫁接繁殖：用二年生苗作砧木，选优良母本树上一年生枝作接穗，于早春切接于砧木上，成活率可达 90% 以上。

3.田间管理

苗期管理：幼苗期间要经常松土、除草和浇水。结合中耕除草追肥 4～5 次，每次每亩施尿素 1.0～1.5kg，或腐熟稀粪肥 3 000～4 000kg。实生苗若树干弯曲，可于早春沿地表将地上部全部除去，促发新枝，从中选留 1 个壮旺挺直的新枝作为新干，其余全部除去。

定植：一至二年生苗高达 1m 时，即可于落叶后至翌春萌芽前定植，每穴 1 株。幼树生长缓慢，宜加强抚育，每年春、夏季应进行中耕除草，并结合施肥。秋天或翌春要及时除去基生枝条，剪去交叉过密枝。对成年树应酌情追肥，北方地区 8 月停止施肥，避免晚期生长过旺而降低抗寒性。

4.病虫害防治

根腐病：多雨时易发生。宜选择地势高、排水良好、土壤疏松的地块作苗圃。

叶枯病：危害叶片，严重时叶片枯死。应清洁田园，生长期喷 1∶1∶100 波尔多液进行防治。

豹纹木蠹蛾：幼虫蛀害枝干，致使树势衰退。冬季清洁田园。6 月初，在成虫产卵前，用涂白剂涂刷树干。

四　采收加工

采收时间：一般在清明至夏至间，选择生长 15～20 年的植株进行采收。

采收方法：采用局部剥皮法，按药材规格大小，剥下树皮，注意保护树体，避免伤害主干。

加工：剥下的树皮需刨去粗皮，然后晒干或烘干，置通风干燥处保存。注意在加工过程中防止受潮，以确保药材质量。

黄柏

黄柏为芸香科植物黄皮树的干燥树皮，具有清热解毒、泻火燥湿等功能。黄柏主产于四川、湖北、贵州、云南、江西、浙江等地。

一 形态特征

树体：黄皮树是一种乔木，可以长到一定高度，树皮灰褐色，薄且开裂，无明显的加厚木栓层，内层显黄色，质地略带黏性。

叶片：叶有短柄，形状为长圆状披针形至长圆状卵形，边缘可能有锯齿。

花序：花序呈圆锥状，花朵较小。

树皮：黄柏的药用部位——树皮，在干燥后呈板片状或浅槽状，外表面黄褐色或黄棕色，内表面暗黄色或淡棕色，有细密纵棱纹，体轻而质硬，断面呈裂片状分层，颜色深黄，气味微弱，味道极苦，咀嚼时有黏性。

二 生长习性

环境：喜温和湿润的气候，耐寒性一般，适宜在肥沃、排水良好的土壤中生长。

光照：需要充足的阳光照射以促进生长。

水分：既耐旱也耐湿，但最好在湿润的环境中栽培。

分布：自然分布于我国南方的山地、丘陵地带，海拔高度各异。

三 栽培技术

1.选地整地

选地：山区、平原均可种植，但以土层深厚、便于排灌、腐殖质含量较高的地方为佳，零星种植可在沟边路旁、房前屋后、土壤比较肥沃潮湿的地方。

整地：按穴距3～4m开穴，穴深30～60cm，长、宽均为80cm，每穴施农家肥5～10kg作基肥。

2.繁殖方法

种子繁殖：春播宜早不宜晚，一般在3月上、中旬，播前用40℃温水浸种1天，然后进行低温或冷冻层积处理50～60天，待种子裂口后，按行距30cm开沟条播。播后覆土，耧平，稍加镇压、浇水。秋播在11—12月进行，播前20天湿润种子，至种皮变软后播种。每亩用种量为2~3kg。一般4—5月出苗，培育1~2年后，当苗高40~70cm时，即可移栽。

分根繁殖：在休眠期间，选择直径1cm左右的嫩根窖藏，至翌春解冻后扒出，截成15~20cm长的小段，斜插于土中，上端不能露出地面，插后浇水。也可随刨随插。1年后即可成苗移栽。

3.田间管理

间苗定苗：苗齐后应拔除弱苗和过密苗。一般在苗高7~10cm时，按株距3~4cm间苗；苗高17~20cm时，按株距7~10cm定苗。

中耕除草：一般在播种后至出苗前除草1次，出苗后至郁闭前中耕除草2次。定植当年和以后两年内，每年夏、秋两季应中耕除草2~3次；3~4年后树已长大，只需每隔2~3年在夏季中耕除草1次，疏松土层，并将杂草翻入土内。

追肥：育苗期结合间苗、中耕除草应追肥2~3次，每次施人畜粪水2 000~3 000kg。定植后于每年入冬前施1次农家肥，每株沟施10~15kg。

排灌：播种后出苗期间及定植半个月以内应经常浇水，以保持土壤湿润，夏季高温也应及时浇水降温，以利幼苗生长。多雨积水时应及时排除，以防烂根。

4.病虫害防治

锈病：危害叶片。发病初期喷施敌锈钠400倍液。

褐斑病：主要危害叶片。发病期叶片上病斑为圆形，直径1~3mm，灰褐色，边缘明显为暗褐色，病斑两面均生有淡黑色霉状物，即病原菌的籽实体。病菌以菌丝体在病叶、枯叶中越冬。一般以预防为主，秋季落叶后彻底清除落叶、病枝，集中烧毁。

花椒凤蝶：5—8月发生，危害幼苗叶片。利用天敌，即寄生蜂抑制凤蝶，在幼龄期喷施BT乳剂300倍液。

四 采收加工

采收时间：黄柏树皮一般在秋季树木休眠期或早春树液流动前采收，此时树皮中有效成分含量较高。

采收方法：剥取树干的干皮或粗枝的皮，须注意保护树木，不可过度剥皮以免影响树木生长。

加工：采收后的树皮须及时进行干燥处理，可采用日晒或低温烘干的方式，干燥过程中需经常翻动，确保干燥均匀。

储存：储存在干燥、通风、避光的地方，防止潮湿、霉变和虫蛀。

参考文献

[1] 郭巧生,王长林.道地中药材栽培技术大全[M].北京:中国农业出版社,2022.
[2] 丁万隆,李勇.60种中药材栽培技术[M].北京:中国劳动社会保障出版社,2010.
[3] 常瑛.中药材栽培技术与安全利用[M].北京:中国农业科学技术出版社,2019.
[4] 王渭玲,盛晋华,王良信.实用中药材栽培技术[M].北京:科学技术文献出版社,2017.